# 为"三纲"正名

方朝晖 著

华东师范大学出版社

华东师范大学出版社六点分社　策划

关注中国问题
重铸中国故事

# 缘　　起

在思想史上,"犹太人"一直作为一个"问题"横贯在我们的面前,成为人们众多问题的思考线索。在当下三千年未有之大变局中,最突显的是"中国人"也已成为一个"问题",摆在世界面前,成为众说纷纭的对象。随着中国的崛起强盛,这个问题将日趋突出、尖锐。无论你是什么立场,这是未来几代人必须承受且重负的。究其因,简言之:中国人站起来了!

百年来,中国人"落后挨打"的切肤经验,使我们许多人确信一个"普世神话":中国"东亚病夫"的身子骨只能从西方的"药铺"抓药,方可自信长大成人。于是,我们在技术进步中选择了"被奴役",我们在绝对的娱乐化中接受"民主",我们在大众的唾沫中享受"自由"。今日乃是技术图景之世界,我们所拥有的东西比任何一个时代要多,但我们丢失的东西也不会比任何一个时代少。我们站起来的身子结实了,但我们的头颅依旧无法昂起。

中国有个神话,叫《西游记》。说的是师徒四人,历尽劫波,赴西天"取经"之事。这个神话的"微言大义":取经不易,一路上,妖魔鬼怪,层出不穷;取真经更难,征途中,真真假假,迷惑不绝。当下之中国实乃在"取经"之途,正所谓"敢问路在何方"?

取"经"自然为了念"经",念经当然为了修成"正果"。问题是:我们渴望修成的"正果"是什么?我们需要什么"经"?从哪里"取经"?取什么"经"?念什么"经"?这自然攸关我们这个国家崛起之旅、我们这个民族复兴之路。

清理、辨析我们的思想食谱,在纷繁的思想光谱中,寻找中国人的"底色",重铸中国的"故事",关注中国的"问题",这是我们所期待的,也是"六点评论"旨趣所在。

点 点

2011.8.10

# Contents 目录

**1　自序**
Foreword

**1　引子:"三纲"的罪状**
Introduction: the So-called Crimes of Sangang

2　**1. 为专制张本**
To Support Dictatorship

3　**2. 倡绝对服从**
To Propose Unconditional Submission

4　**3. 倡等级尊卑**
To Advocate Dogmatic Hiearchy

5　**4. 人格不独立**
To Eliminate Personality Independence

6　**5. 人性遭扼杀**
To Suppress Humanity

## 第1章　被误解的"三纲"
Chapter 1: the Misconception of Sangang

9　**1. "纲"针对"纪"言**
Gang is Made for Ji

11　**2. 什么叫"以某为纲"?**
What It is Meant by Taking Someone as Gang?

16　**3. 以某为纲 = 绝对服从?**
To Take Someone as Gang = To Listen to Someone Unconditionally?

21　**4. 误解一:阳贵阴贱**
The First Source of Mistakes: Yang as Noble and Yin as Mean

23　**5. 误解二:阳尊阴卑**
The Second Source of Mistakes: Yang as High and Yin as Low

24　**6. 误解三:尊天受命**
The Third Source of Mistakes: To Listen to Heaven's Mandate

25　**7. 误解四:屈民伸君**
The Forth Source of Mistakes: To Bend People and to Support Ruler

2　为"三纲"正名

27　8. 误解五：士不得谏
The Fifth Source of Mistakes: The Literati not to Remonstrate

29　9. 误解六：妇人三从
The Sixth Source of Mistakes: The Three "submissions" of Women

## 第2章　"三纲"是谁提出的？
Chapter 2: How Does Sangang Originate?

31　1. 驳先秦儒家无三纲思想
To Refute That "The Pre-Qin Confucians Had No Thoughts of Sangang"

34　2. 驳三纲来源于黄老法家
To Refute That "Sangang Comes from Huang-Lao and Legalists"

36　3. 驳三纲源于专制统治需要
To Refute That "Sangang is Made to Favor Dictatorship"

39　4. 孔子没有三纲思想吗？
Doesn't Confucius Have Thoughts of Sangang?

43　5. 先秦儒家的三纲思想
The Sangang Thought of Pre-Qin Confucians

47　6. 先秦儒家反对绝对服从
That Pre-Qin Confucians Oppose to Listen to Authority Unconditionally

50　7. 汉儒同样反对绝对服从
That Han Confucians Oppose to Listen to Authority Unconditionally

55　8. 后世儒家反对绝对服从
That Later Confucians Oppose to Listen to Authority Unconditionally

## 第3章　董仲舒主张绝对服从？
Chapter 3: Does Dong Zhongshu Propose to Listen to Authority Unconditionally?

60　1. 董仲舒一生思想之主旨
The Basic Tenets of Dong Zhongshu's Thoughts

64　2. 董氏天命观的实质
The Essence of Dong's Conception of Heaven's Mandate

68　3. 正君是董氏核心
The Basic Tenet of Dong is to Correct Ruler

73 **4. 以臣正君——任贤**
To Correct Ruler with Good Men

76 **5. 讥君刺君比比皆是**
That Dong Criticizes Rulers Everywhere

79 **6. 为君者当敬慎自律**
That the Ruler Should Behave Carefully and Control Himself

80 **7. 为君者须恪守君道**
That the Ruler Must Follow the Ruler's Way

84 **8. 有专权犯上,而董氏予之**
That Dong Approves Someone to Do Against His Ruler

85 **9. 有擅废君命,而董氏大之**
That Dong Admires Someone to Violate His Ruler's Order

87 **10. 有弑君废昏,而董氏许之**
That Dong Agrees Someone to Kill His Bad Ruler

## 第4章 程朱理学惹的祸?
Chapter 4: Is Neo-Confucians of Cheng-Zhu School Responsible for Problems of Sangang?

91 **1. 宋代士大夫**
The Literati of Song Dynasty

94 **2. 君臣之道**
The Way of Ruler-Subject Relationship

96 **3. 出处进退**
To Take a Job and to Step Down

97 **4. 格君之非**
To Correct Mistakes of the Ruler

99 **5. 抨击独裁**
To Criticize Autocracy

99 **6. 冒死谏诤**
To Remonstrate under a Risk of Being Killed

104 **7. 强君挢君**
To Force the Ruler to Make a Change

## 4 为"三纲"正名

105 **8. 不合则辞**
To Leave the Job When Being Refused

110 **9. 小结**
Some Conclusive Remarks

# 第5章 古人心中的"三纲"
Chapter 5: Sangang in Minds of the Ancients

115 **1. 出乎天道**
Come from the Way of Heaven

116 **2. 合于天理**
Fit to the Reason of Heaven

117 **3. 万世不灭**
Should Never be Given up

118 **4. 治国之本**
The Basis for Ruling a Country

119 **5. 秩序之源**
Th Source of Social Order

120 **6. 人伦之基**
The Fundatmentals of Inter-personal Relationships

122 **7. 维系人心**
Unite the Various Minds of People

123 **8. 基于人性**
Based on Humanity

# 第6章 如何理解"三纲"?
Chapter 6: How to Understand Sangang?

125 **1. 回到先贤**
Back to the Past Noble Men

127 **2. 三纲真义**
The Real Meaning of Sangang

132 **3. 三纲本质**
The Essence of Sangang

**137  4. 误解根源**
The Source of Misconceptions

**141  5. 走向重建**
Toward a Reconstruction

## 145 参考文献
Bibliography

---

## 148 后记
Pospscript

---

## 151 英文提要
English Abstract

---

# 自　序

2010年2月10日，我在《中华读书报》上发表了一篇题为"怎么看'尊王'、'忠君'和'三纲'——读刘泽华、张分田国学论文有感"的文章，意外地引起了不少"讨伐"①。此后，李存山先生专门在《天津社会科学》杂志发表"对'三纲'之本义的辨析与评价——与方朝晖教授商榷"一文，对我在同刊2011年第2期上为"三纲"辩护的文章②，进行了全面反驳。这迫使我花不少精力来梳理历史上的"三纲"思想，我重点研究了董仲舒和朱熹这两个代表人物，初步考察了历代儒者对"三纲"的看法，写出了这本小书。此书可以说是一

---

① 参周思源、王也扬、张绪山、赵庆云分别分表于《中华读书报》2010年3月3日、3月10日、3月24日、6月30日国学版(15版)的文章。

② 参"'三纲'真的是糟粕吗？——重新审视三纲的历史与现实意义"，《天津社会科学》2011年第2期，页47—52。

场学术争论的产物,我应该感谢那些批评我的人;如果不是他们,我绝对想不到写它。

然而,本书的目的不在于反驳,而在于回归历史真相。我不是什么儒家原教旨主义者,更不可能为辩护而辩护。我希望通过冷静、客观的分析,深入、细致的解剖,还原"三纲"的本来面目。同样地,如果任何人能够以理性、客观、合乎逻辑的方式反驳我,我会由衷地感激,这对于澄清历史真相大有裨益。如果事实证明我是错的,也是好事,至少给人留下了反面教材。

本书对历史上"三纲"思想的研究是不全面的,这与本书设定的目标有关。它的另外一个可能遭受的攻击是,没有研究过去几千年来中国人生活中实际发生的事。毕竟理论与现实不是一码事。从这个角度讲,本书的研究仅限于对"三纲"理论的探讨。这样主要也是因为目前学术界对"三纲"的批判有其理论依据,即董仲舒、《白虎通》、程朱理学等,我希望对这些理论依据重新检讨。

我相信,对于"三纲"之现实后果的研究非常必要,但评价时必须带着真正的历史眼光。否则,对数千年民族文化生命缺乏起码的感通,看不到古人生命中的血泪,动辄认为古人犯了某种低级、简单的错误,将贻害无穷。这种妄自尊大的做法部分来自于文化进化论,它往往预设某种现代价值观具有超越一切时代的普世意义,以之为标准衡量古今一切思想和现实,其特点是只见树木、不见森林,其后果是历史虚无主义。

# 引子:"三纲"的罪状

一位学者在评述"三纲五常"的现代命运时,曾用"过街老鼠、人人喊打"这八个字来形容其惨境。然而如果以为"三纲五常"的处境一直这样就完全错了。恰恰相反,在中国历史上,"三纲五常"享受过无数风光无限的岁月。真正对"三纲"展开批判,直到19世纪末端才发生,而且与西学的冲击有极大关系。

当然,早在清末以前,已有学者对"三纲"进行过反思。比如,黄宗羲(1610—1695年)曾对"三纲"在现实中被人们僵化地理解为臣对君、子对父、妻对夫的绝对服从,作出深刻的检讨。在《明夷待访录》中,他痛骂后世人君以天下为私人之产业,利用君臣纲纪为私利之防护,并指责后世小儒将"君臣之义无所逃于天地之间"误解为对君王的绝对服从。另谓《礼记》等书所谓"视于无形,听于无声,以事其君",乃至于"杀其身以事其君",绝非事君之典范。

又如,王夫之(1619—1692年)曾痛批宋儒"天下无不是底君"、"天下无不是底父母"这一说法。"假令君使我居俳优之位,执猥贱之役,亦将云'天下无不是底君',便欣然顺受邪?"他指出韩退之《拟文王操》中"臣罪当诛兮,天王圣明"之语,乃是"欺天欺人,欺君欺己,以涂饰罔昧冥行于人伦之际","朱子从而称之,亦未免为其佞舌所欺"。(《读四书大全说》卷九"离娄下篇之四"①)

然而,黄、王二人从未明确批判过"三纲"本身,毋宁说他们批判的是人们对"三纲"的误解。第一位真正明确对三纲大肆挞伐的是谭嗣同(1865—1898年),他的批判非常激烈。接下来主要是五四期间以陈独秀、鲁迅、胡适、吴虞等人为代表,对礼教展开了最猛烈的批判。而当时之中国思想界,似乎也已普遍接受三纲是桎梏精神思想、摧残人格独立的腐朽糟粕。新中国成立以来,这一说法通过官方教科书等主流媒体宣传,基本上得到了"定性"。现列"三纲"罪状如下:

## 1. 为专制张本

谭嗣同《仁学》第八节、第二十八~第三十四、第三十七

---

① 王夫之,《四书稗疏 四书考异 四书笺解 读四书大全说》(全二册),长沙:岳麓书社,2011年,页1014—1015。

及三十九节等批判"三纲",谓纲常名教为独夫民贼之帮凶,为荀学余孽,非孔子原意。①

刘泽华等人《中国古代政治思想史》称"三纲"是继承了公羊学中"君、国一体"的思想,以朕代表国家,把君权神圣化、绝对化而提出来的。《白虎通义》论证"天子是天下的大'一',……这个'一',是绝对的,至上的,他拥有对天下的最高的占有权与最后的支配权,一切最高权力都归于他一人。""《白虎通义》从天地、阴阳、五行与帝王一体化论证了帝王的绝对性与至上性。""三纲是封建时代社会控制系统的核心与枢纽。三纲举而万目张。三纲的神圣化与绝对化,正是君主专制制度的保证。"②

## 2. 倡绝对服从

冯友兰早在20世纪30年代写的《中国哲学史》中就说,"董仲舒有三纲五纪之说……'君为臣纲,父为子纲,夫为妻纲',于是臣、子、妻成为君、父、夫之附属品。"③

---

① 谭嗣同,《仁学》,见蔡尚思、方行编,《谭嗣同全集》(增订本,全二册),北京:中华书局,1981年,页299—300,334—344,348—352,等。
② 刘泽华、葛荃,《中国古代政治思想史》(修订本),天津:南开大学出版社,2001年,页244—245,247。
③ 冯友兰,《中国哲学史》(全二册),北京:中华书局,1961年,页522。

在建国后出版的《中国哲学史新编》中,冯友兰说:按照中国封建社会中的"纲常名教","君、父、夫是臣、子、妻的统治者。不管为君、为父、为夫者实际上是怎样的人,他们都有这些'名'所给他们的权利;他们的臣、子、妻,对于他们都有绝对服从的义务。"①

任继愈《中国哲学史》(二)中说,"三纲六纪"是"统治者为了巩固封建社会秩序"提出来的,经过韩非、董仲舒,"《白虎通》把'三纲'作为永世不变的伦理规范和最高的政治准则,正式提出了君为臣纲、父为子纲、夫为妻纲,即是说君为本、父为本、夫为本。君权、父权、夫权、再加上神学世界观的神权,完整的四条封建绳索,从此,牢固地、紧紧地束缚在人民的身上。'君要臣死,不得不死,父要子亡,不得不亡。'""《白虎通》把下对上的服从关系更进一步绝对化了。"②

## 3. 倡等级尊卑

陈独秀称"三纲之根本义,阶级制度是也。所谓名教,所谓礼教,皆以拥护此别尊卑明贵贱之制度者也。"③又说,"教

---

① 冯友兰,《中国哲学史新编》(中册),北京:人民出版社,2001年,页87。
② 任继愈主编:《中国哲学史》(二),北京:人民出版社,2010年第2版,页109、110。
③ 陈独秀,"吾人之最后觉悟"(1916年2月15日),原载《青年杂志》第一卷第六号,见任建树主编,《陈独秀著作选编》第一卷,1897—1918),上海:上海人民出版社,2009年,页204。

忠、教孝、教从,非皆片面之义务,不平等之道德,阶级尊卑之制度,三纲之实质也耶?"①

侯外庐等称《白虎通义》(亦称《白虎通》,本书中两种用法通用)中的"三纲",打着神权的旗号,确立一套从天地到人间的尊卑等级制度,"不但天上地下有尊卑的等级,而且五行之中也有尊卑的等级。""君权父权夫权之下的一切制度都是天所指挥的五行变化的征候,也即是神恩赐给封建制社会的权利义务的关系。在这里,最不平等自由的尊卑上下的制度是为神所最喜欢的。""这样封建社会的天罗地网,是不变的道德规律,'三纲法天地人,六纪法六合',一切行为都要钳在尊卑上下的不平等关系之中。"②

庞朴也说,"三纲""是一种专制的、单向的、主从的、绝对的伦理规定。"③

## 4. 人格不独立

陈独秀认为,"儒者三纲之说,为一切道德政治之大原:君为臣纲,则民于君为附属品,而无独立自主之人格矣;父为

---

① 陈独秀,"宪法与孔教"(1916年11月1日),原载《新青年》第二卷第三号,见《陈独秀著作选编》(第一卷),页250。
② 侯外庐、赵纪彬、杜国庠、邱汉生著,《中国思想史》(第二卷,两汉思想),北京:人民出版社,1957年版,2004年重印,页235,236,246。
③ 庞朴,"本来样子的三纲——漫说郭店楚简之五",《寻根》,页9—10。

子纲,则子于父为附属品,而无独立自主之人格矣;夫为妻纲,则妻于夫为附属品,而无独立自主之人格矣。率天下之男女,为臣,为子,为妻,而不见有一独立自主之人者,三纲之说为之也。"他并称儒家忠孝节义之道德,非主人道德,而为奴隶道德。①

张岱年指出,"三纲否认了臣对于君、子对于父、妻对于夫的独立人格,加强了君权、父权、夫权,实为专制主义时代束缚人民思想的三大绳索,是中国传统文化中的严重糟粕。"②

## 5. 人性遭扼杀

谭嗣同称"数千年来,三纲五伦之惨祸烈毒,由是酷焉矣。君以名桎臣,官以名轭民,父以名压子,夫以名困妻,兄弟朋友各挟一名以相抗拒,而仁尚有少存焉者得乎?"(《仁学》之八)"君臣之祸亟,而父子、夫妇之伦遂各以名势相制为当然矣。此皆三纲之名之为害也。……三纲之慑人,足以破其胆,而杀其灵魂。"(《仁学》之三十七)③

鲁迅在《狂人日记》中未直接批判"三纲",但批评礼教,

---

① 陈独秀,"一九一六年"(1916年1月15日),原载《青年杂志》第一卷第五号,此据《陈独秀著作选编》(第一卷),页199。
② 张岱年,"中国文化的要义不是三纲六纪",《群言》,2000年第7期,页33。
③ 谭嗣同,《仁学》,页299,348。

已包含对三纲之批判。"我翻开历史一查,这历史没有年代,歪歪斜斜的每页上都写着'仁义道德'几个字。我横竖睡不着,仔细看了半夜,才从字缝里看出字来,满本都写着'吃人'两个字!"①吴虞在"吃人与礼教"②中指出,鲁迅的《狂人日记》"把吃人的内容,和仁义道德的表面,看得清清楚楚。那些戴着礼教假面具吃人的滑头伎俩,都被他把黑幕揭破了。""我们如今应该明白了!吃人的就是讲礼教的!讲礼教的就是吃人的呀!"类似地,胡适早期批判旧中国无独立人格,特别是妇女不解放,包含对"纲常礼教"的批判。③

---

① 首发于1918年5月15日4卷5号《新青年》月刊,见鲁迅先生纪念委员会编,《鲁迅全集》(第一卷),鲁迅全集出版社,1948年第3版,页281。
② 原载《新青年》第6卷第6号,1919年11月1日。见《启蒙与反叛——"新青年"派杂文选》,北京:文化艺术出版社,1996年,页168—172。
③ 胡适这方面思想可参《胡适文存》(卷四),参欧阳哲主编,《胡适文集》(2),北京:北京大学出版社,1998年,页475—572。其中论人格独立参"易卜生主义",页475—489;"非个人主义的新生活",页564—572。论妇女解放参"美国的妇人",页490—502;"贞操问题",页503—510;"论贞操问题",页511—517;"新思潮的意义",页551—558。

# 第1章　被误解的"三纲"

## 1. "纲"针对"纪"言

我们今天所使用的"三纲"一词,在可查的文献记录中,最早出现于西汉大儒董仲舒(前179—前104年)的《春秋繁露》中。该书《基义》篇中"王道之三纲,可求于天"一语,被后人引用无数遍。严格说来,"三纲"在董仲舒那里只是指君臣、父子、夫妇这三种关系,不是指君为臣纲、父为子纲、夫为妻纲(至少字面上不是),董仲舒从来没有说过"君为臣纲、父为子纲、夫为妻纲";在董仲舒那儿,"三纲"是针对"五纪"而言,"五纪"应指另外五种重要相对次要的人伦关系(《春秋繁露·深察名号》)。[①]

---

① 苏舆,《春秋繁露义证》,钟哲点校,北京:中华书局,1992年。下引《春秋繁露》以此书为据,不注页码。

最早系统、明确地论述"三纲"的书是《白虎通》。该书虽曾引用《礼纬·含文嘉》中"君为臣纲、父为子纲、夫为妻纲"一语,但实际上也把"三纲"理解为君臣、父子、夫妇这三种关系,而不指君为臣纲、父为子纲或夫为妻纲;以这三种关系本身为"纲",而不是在三种关系内部确立"纲";"纲"只是相对于其他六种关系——即"六纪"——而言的,"六纪"就是诸父、兄弟、族人、诸舅、师长和朋友。该书明确地论述了,"纲"之所以为"纲",正因为它要"统帅纪"。

三纲者,何谓也?谓君臣、父子、夫妇也。六纪者,谓诸父、兄弟、族人、诸舅、师长、朋友也。

六纪者,为三纲之纪者也。师长,君臣之纪也,以其皆成己也。诸父、兄弟,父子之纪也,以其有亲恩连也。诸舅、朋友,夫妇之纪也,以其皆有同志为己助也。

何谓纲纪?纲者,张也。纪者,理也。大者为纲,小者为纪。所以张理上下,整齐人道也。

(《白虎通·三纲六纪》)①

后人将"三纲"普遍地理解为"君为臣纲、父为子纲、夫

---

① 陈立,《白虎通疏证》(全二册),吴则虞点校,北京:中华书局,1994年,页373,375,374。下引《白虎通》据此书,不注页码。

为妻纲",往往以董仲舒和《白虎通》为依据,这是有疑问的。今天看来,最早明确使用"君为臣纲、父为子纲、夫为妻纲"这一说法的,可查考的应该是《礼纬·含文嘉》。应该说,"三纲"的含义在后世有了演变,《含文嘉》的理解方式逐渐取代了董仲舒、《白虎通》的理解方式。

## 2. 什么叫"以某为纲"?

那么董仲舒、《白虎通》究竟有没有"君为臣纲、父为子纲、夫为妻纲"的思想呢?正像先秦儒家未使用三纲这一术语,并不妨碍他们可能有三纲思想一样,这里的关键问题是,董仲舒、《白虎通》等书对于君臣、父子、夫妇关系的理解究竟怎样?

让我们先来看董仲舒对这三种关系的理解。董氏多次用阴阳关系来比喻君臣、父子和夫妇。现将《春秋繁露·基义》中一段常被引用来说明其三纲思想的经典说法摘录如下:

> 凡物必有合;合必有上,必有下……阴者,阳之合;妻者,夫之合;子者,父之合;臣者,君之合。物莫无合,而合各有阴阳。……君臣、父子、夫妇之义,皆取诸阴阳之道。

这段话的意思大致可这样分析：

第一、事物需要在与其他事物之间的耦合关系中存在；

第二、一切耦合关系都可以看作阴、阳耦合；

第三、君臣、父子、夫妇关系正是阴阳耦合关系的典型体现；

第四、阴阳耦合关系表明，二者是互动、"相兼"的；

第五、但是在阴阳互动中阳为主，阴为客；阳处上位，阴处下位。

细读《基义》等篇可知，作者的基本思路是：阴阳之间存在着高低贵贱、同时也是主次轻重的分工（阳上阴下、阳贵阴贱、阳经阴权、阳顺阴逆、阳善阴恶、阳德阴刑等），这种分工原理正是君臣、父子、夫妇关系所遵循的。然而，以阴阳解释人事，并不等于说臣、子、妻只能绝对服从君、父、夫。"王道之三纲，可求于天"（《春秋繁露·基义》）这句话，只是说这三种关系的道理合乎天理，并没有说君臣、父子、夫妇应该有绝对的等级尊卑。这种以阴阳解释三纲的做法，亦见于《白虎通》、《说苑》等①，可见在汉代颇流行。

《白虎通·三纲六纪》不仅用阴阳关系比附君臣、父子、夫妇②，还明确强调了"双向互动"：

---

① 刘向《说苑·辨物》："其在民则夫为阳而妇为阴，其在家则父为阳而子为阴，其在国则君为阳而臣为阴。故阳贵而阴贱，阳尊而阴卑，天之道也。"

② 《白虎通·三纲六纪》："君臣、父子、夫妇，六人也。所以称三纲何？一阴一阳谓之道，阳得阴而成，阴得阳而序，刚柔相配。"

> 君臣者，何谓也？君，群也，群下之所归心也。臣者，缠坚也，厉志自坚固也。《春秋传》曰："君处此，臣请归"也。父子者，何谓也？父者，矩也，以法度教子也。子者，孳也，孳孳无已也。故《孝经》曰："父有争子，则身不陷于不义。"夫妇者，何谓也？夫者，扶也，以道扶接也。妇者，服也，以礼屈服也。《昏礼》曰："夫亲脱妇之缨。"

这里讲到"臣"并没有强调臣的义务是服从，而是说"厉志自坚固"；讲到"子"时，并没有强调子要听父之话，而是引《孝经》称"父有争子，则身不陷于不义"；在讲到"妇"时，虽说妇人"以礼屈服"，却又同时引用《昏礼》"夫亲脱妇之缨"来说明夫以身作则以赢得妇从。可见在古人看来，所谓"以某人为纲"并不是指简单的服从与被服从关系。

综上所述，如果说董仲舒、《白虎通》确有"君为臣纲、父为子纲、夫为妻纲"思想，其含义应当今人理解大不一样，实际上是指"从大局出发、尽自己位分所要求的责任"。为什么这样说呢？一方面，要求在下位者以上位为重，尊重上的地位，维护纲的权威。用今天的话说，就是不把小我凌驾于大我之上，不把个人凌驾于集体之上；另一方面，要求在上位者以身作则，率先垂范，真正做出纲的样子，发挥纲的作用。前一种含义即董仲舒所谓"阳贵阴贱"、"阳尊阴卑"，"妻者夫之合,子者父之合,臣者君之合"等说法。后一种含义即董仲舒所谓"我不自正,虽能正人,弗予为义"(《春秋繁露·仁义法》),董氏还强调"为人君者正心以正朝廷"(《贤良对策》),"在位者之不能以恶服人"(《春秋繁露·玉杯》),"父不父则子不子,君不君则臣不臣"(《春秋繁露·玉杯》)。《白虎通》亦有类似思想,即君要为"群下之所归心",父要以己为"矩",夫要"亲脱妇之缨"。

现在我们可以追问,在古人心目中,"君为臣纲、父为子纲、夫为妻纲"究竟是什么意思?是不是指下对上听话或绝对服从?根据《说文解字》,"纲"是提网之总绳,"纪"是罗网之"别丝"(糸部)。据此,"纲"并不必然包含绝对服从的要求在内。"纲"指的是事物关系中相对的主次轻重之别,"以某人为纲"就是"以某人为重"的意思,即董仲舒"合必有上下"之义。什么意思?事物之间发生了关系,必然会有上下之分。这就好比阴阳之间一样,一定要有一个搭配;有了搭配,必定有上下分工,这可以说是宇宙万物关系的常态和常理。因为在事物的相互关系中,不可能个个位置和作用都一样。位置或角色不同,发挥的作用自然不同,必然有主次之分、轻重之别。尽管这种上下、主次、轻重的划分,容易给一方滥用权力的机会,甚至带来极为严重的后果。但是在实践中,还是必须这样做。这是因为,任何集体必须有最高决策者,也可以说争议的最后裁决者。如果持不同意见的人都可以自行其是,违犯最后决策,集体就会如一盘散沙,无法正常运转。可以证明,这正是后世儒家传统中"三纲"之本义。

据此,"君为臣纲、父为子纲、夫为妻纲"的含义非常简单、明白,在我们的现实生活中到处存在,普遍通行。比喻,我们今天常常说,作为领导集体中的一员,你可以对上级决策提出批评,或保留个人意见,但对于组织上已经形成的决定,在实践中没有擅自违背的权力。这不正是"以上为纲"吗?又比喻,在学校里,我们绝对是执行"以师为纲"的。虽然老师的决定或做法可能不当,学生可提异议,但在实践中没有轻易违背的权力。由此也可以理解,宋明理学家(如二程、朱子)之所以会说"尽己无歉为忠",正因为"三纲"所代表的道理,是符合一个正常人做人的基本道德或良知的。

这里必须强调,无论是《白虎通》,还是董仲舒等人,都没有预设"君权至上"、"家长制"或"男性中心主义"。强调上下、主次和轻重关系,是出于秩序和纪律的考虑,但丝毫也不意味着上下之间在人格上有任何不平等。正像我们在现实生活中,不会因为自己的位置不如领导高,而在人格上与之不平等一样。清末以来对"三纲"的误解,主要正是把古人所强调的制度程序上的上下之分和主次、轻重之别夸大为人格的不平等、权力的绝对化、等级的固定化等等。一旦这种夸大成立,对"三纲"的一切妖魔化都变得合情合理了。

事实上,不仅汉儒没有强调所谓"单方面的绝对的义务",后世儒家讲"尽己无歉为忠",也只是教人按自己的良知、良心来做,所谓"人皆怀五常之性,有亲爱之心,是以纲纪为化"(《白虎通·三纲六纪》)。也就是说,在儒家看来,"尽忠"只是为了做个真正的人,即"尽其性"而已,并不一定以"维系人与人之间的正常永久关系"(贺麟语)这一功利目的为首要出发点。① 接下来我们会说明,贺麟先生从柏拉图、康德道德学说等角度把"三纲"理解为"单方面的绝对的义务",虽颇有新意,终究不合文献。

鉴于"三纲"在后世已经普遍被理解为"君为臣纲、父为子纲、夫为妻纲",我在接下来的讨论中也主要针对这一含义。

## 3. 以某为纲 = 绝对服从?

既然"三纲"只是指以某人为重,并无绝对服从或绝对尊卑的意思,为何现代学者普遍地批评它代表"绝对的等级关系"或"尽单方面的绝对的义务"呢?② 我认为,这主要是因为混淆了对名、位的服从或义务,与对具体个人的服从或义务这两者。前者是古今中外普遍通用的道理,后者则涉及到独裁或专制。所谓"对名、位的服从或义务",是指一个社

---

① 贺麟,"五伦观念的新检讨",见氏著:《文化与人生》,北京:商务印书馆,1988年,页62。
② 李存山,"对'三纲'之本义的辨析与评价——与方朝晖教授商榷",《天津社会科学》,2012年第1期,页26—33。

会或单位由于现实需要而不得不确定某种上下、等级关系，并且赋予其中一方以特殊权利，特别是最后决定权，从而形成所谓的服从与被服从关系（即董仲舒所谓凡物必有合、合必有上下）。今天我们仍然常讲"下级服从上级"、"一切行动听指挥"、"军人以服从为天职"之类的话，其原因正在于此。正因为从等级关系的角度讲，领导者与被领导者之间的等级差别是由各自的位置决定的，不能就理解为是一种人与人关系的不平等。人与人之间名位上的等级差异，有的是由工作性质决定的，有的是由血缘关系决定的，有的是由性别决定的。这三个方面，代表的正是"三纲"中的三种关系——君臣、父子和夫妇。

我们可以举出很多现代社会的例子来说明：人与人由名位差异所确立的服从与被服从关系，是任何一个社会普遍存在的；正因为服从的是名位，它所代表的才是一种从大局出发的精神，即不把个人意志强加于组织；也正因为服从的是名位，这里名位代表的是集体和国家，所以出于对集体、单位或国家的责任心，下级必然会在有时向上级提出批评或建议，甚至发生激烈抗争；总之，这种关系不应上升到所谓"绝对的等级关系"或一方对另一方"尽单方面的绝对的义务"。当然，古代社会与现代社会从制度和结构上有了巨大改变，所以"三纲"在古代所对应的制度和结构已不存在，但其所代表的处理人与人关系的基本原理在今天仍然存在，而且无论在中国还是外国、大国还是小国，都仍然存在。我的这一观点,在我之前已有不少学者作过清楚的论述。

对于"三纲"所代表的对名、位服从的精神,陈寅恪先生曾解释为是对"抽象理想"的追求,甚至以柏拉图所说的"理念"来指称。易言之,臣对君、子对父、妻对夫的服从,并不是服从于某个人,而对一种抽象的价值理想的追求。他指出:

> 吾中国文化之定义,具于《白虎通》三纲六纪之说,其意义为抽象理想最高之境,犹希腊柏拉图所谓 Idea 者。……其所殉之道,与所成之仁,均为抽象理想之通性,而非具体之一人一事。①

贺麟先生在"五伦观念的新检讨"一文中论述得更清楚。他说,

> 三纲说则将人对人的关系转变为人对理、人对位分、人对常德的单方面的绝对的关系。故三纲说当然比五伦说来得深刻而有力量。举实例来说,三纲说认君为臣纲,是说君这个共相,君之理是为臣这个职位的纲纪。说君不仁臣不可以不忠,就是说为臣者或居于臣的职分的人,须尊重君之理,君之名,亦即是忠于事,忠于自己

---

① 陈寅恪,"王观堂先生挽词并序",见陈美延、陈流求编,《陈寅恪诗集》,北京:清华大学出版社,1993年,页10。

的职分的意思。完全是对名分、对理念尽忠,不是作暴君个人的奴隶。唯有人人都能在其位分内,单方面地尽他自己绝对的义务,才可以维持社会人群的纲常。①

我在前文中虽不同意贺先生将"三纲"理解为"单方面的绝对的关系",但肯定他将"三纲"理解对名分、理念,即所谓的"忠于职事",而不是作暴君个人的奴隶,因为这符合荀子"从道不从君,从义不从父"的思想。

类似陈寅恪、贺麟先生这样的观点,已有不少学者提到。比如叶蓬就指出,

> 在三纲之中,臣对君、子对父、妇对夫的服从,严格地说不是对某个个体,而是对道德义务的服从,即对自身相对对方的应履行的道德义务的服从。这是服从道德的权威,而不是服从世俗的权威。从义不从君,从道不从父,就是这层意思。换言之,从本义上讲,纲在理、在道,而不在人。……针对道德义务本身,不是针对人。②

另外,张渊强调三纲思想的合理性在于对现实权威的承

---

① 贺麟,"五伦观念的新检讨",页60。注意加下点部分。
② 叶蓬,"三纲六纪的伦理反思",《河北师院学报》(社会科学版),1997年第3期(7月),页36、37。

认和尊重,"三纲内在的三项原则———等级、年龄和性别"反映了人类的真实境况,因此以它们作为人们遵从的价值权威,有其"存在的理性根据",和人人平等并不矛盾;"三纲所塑造的权威模式"有其现实基础,这个基础就是五伦;"在今天我们仍然提倡对权威的尊重,而事实上一个社会是需要各种各样的权威存在,没有权威存在的社会是一个混乱的社会,也是一个没有希望的社会。"①

有人认为"三纲"所代表的"名教",正因为崇拜"名",结果以名代实,甚至以名宰实,以至于不管现实中的君、父、夫是什么样的,都得绝对服从了(谭嗣同、冯友兰皆有此说②),其实不然。问题在于"名"的含义是什么。如果"名"是指超越具体个体的大我,即社稷、江山或国家,那么恰好是出于信仰这个"名",人们可以对其所对应的当事人——即君、父、夫——提出强烈的批评或劝谏。这正是古人一面强调"三纲",一面倡导谏诤的主因。事实上,在古人看来,谏诤是"三纲"的应有之义(这一点下面论证),这也正是我认为"三纲"应更准确地理解为从大局出发、尽自己位分应有的责任的主要原因之一。

最好的例子就是现代学者陈寅恪,他以颂扬"独立之精

---

① 张渊,"浅析儒家传统现代转化的家庭动力——以'三纲'权威主义与'五伦'仁爱思想为中心",《内蒙古农业大学学报》(社会科学版),2008 年第 6 期(总第 42 期),页 297。
② 参谭嗣同《仁学》(第八节),页 299—300;冯友兰,《中国哲学史新编》(中册),页 87。

神、自由之思想"而闻名中外,可他同时为何又主张"三纲六纪"为中国文化之定义呢?这在很多人看来恐怕只能是自相矛盾了。张寅彭认为"三纲六纪"与个人的独立精神自由意志不仅不矛盾,而且可以包容后者,"是将君纲作为一种抽象的常理、位分对待的结果"①。正因如此,纲纪关系不是要人在现实中丧失个人意志,而是"抽象绝对服从"与"具体相对自主"的结合;"社会若无绝对服从的权威,则将无法组织;若无具体纠失的自由,也会失去调节。"像屈原、魏征这样的诤臣,就是这种结合的最好例子;他们是维护纲纪的典范,但他们从不机械地忠于某个人,而是"实质上服从了作为常理的'君位',同时又必不可少地平衡了绝对君权。"②

我们看到,"三纲"学说理解为对名分或位置的服从,而非丧失个人独立意志的"绝对服从",才不致误解后世两千多年的"三纲"思想。

## 4. 误解一:阳贵阴贱

现代人批判"三纲",多引董仲舒《春秋繁露》及班固所撰《白虎通》为据。这里我们不妨对如何理解此二书中若干容易引起争议的语句,先作分析。

---

① 张寅彭,"'三纲六纪'与独立自由意志——试释陈寅恪先生的思路",《书屋》,2007年第5期,页49。
② 同上,页50。

> 丈夫虽贱皆为阳，妇人虽贵皆为阴。……贵阳而贱阴也。（《春秋繁露·阳尊阴卑》）
>
> 阴道无所独行，其始也不得专起，其终也不得分功，有所兼之义。……阳之出也，常县于前而任事；阴之出也，常县于后而守空处；此见天之亲阳而疏阴，任德而不任刑也。（《春秋繁露·基义》）

这些话实际上是在讲阴阳之间分工、位置、身份之不同。董氏用"贵"、"贱"来形容，指身份有高低、职能有分工、待遇有区别，不是价值判断。古汉语中"贱"主要指家境贫寒或身份卑微，与今日不同。孔子曰："吾少也贱，故多能鄙事"（《论语·子罕》）。《说文解字》释"贱"为"贾少也"。那么，董氏是不是把身份贵贱绝对化了呢？表面看来确实如此。但需要质疑的是，"绝对"二字是指此关系不能变，还指绝对服从，或人格不平等？抑或是指其中的道理是绝对的？由"贵阳贱阴"，推不出"绝对服从"来。如果只是指贵贱划分的道理绝对有效，那就不能因此说"三纲"指绝对尊卑或绝对等级划分，至少要看在什么意义上这样讲。

就像今天大学里有正教授、副教授、讲师、助教之等级划分，而在教授当中还在一级、二级、三级、四级教授等一样，你能说这种划分不合理吗？涉及人格尊卑问题吗？就某个具体的个人而言，其在教师系列中的等级划分（职称）可以发生改变，包括升迁或倒退,但正教授高于副教授、副教授高于讲师、讲师高于助教,这个道理则是绝对的,不能改变,因而这些职称序列也可以说代表了"绝对的等级划分",同样"可求于天"!

## 5. 误解二:阳尊阴卑

《春秋繁露·阳尊阴卑》称:

> 善皆归于君,恶皆归于臣。
> 恶之属尽为阴,善之属尽为阳。

这里,"恶归阴,善归阳"应当理解为指团结合作、同心同德的理想状态下,下方自觉地将恶归于己、将善归于他。这是在讲述臣、子、妇做人的美德。《白虎通·谏诤》篇说得很清楚:

> 人臣之义,当掩恶扬美。所以记君过何?各有所缘也。掩恶者,谓广德宣礼之臣。

对内记下君之过,对外维护其形象。这难道不是理想的上下级关系应有的吗?

董仲舒还指出,"归善于君、归恶于臣"是有条件的。只有国君"赏不空施,罚不虚出",群臣才会"各敬其事,争进其功,显广其名"。一旦赏罚不当,上下离心,就不能再指望"功出于臣、名出于君",因为"响清则生清者众,响浊则生浊者浮"(《春秋繁露·保位权》)。所以"归美于君,归恶于己",不是强制要求,而是君臣所应共同追求的理想关系。

## 6. 误解三:尊天受命

《春秋繁露·顺命》称:

> 天子受命于天,诸侯受命于天子,子受命于父,臣妾受命于君,妻受命于夫。诸所受命者,其尊皆天也,虽谓受命于天亦可。……臣不奉君命,虽善,以叛言。

从表面看来,这段话似乎赋予了命令的发布以某种绝对意义,"使君臣、父子、夫妇之间具有了前者有绝对权威,而后者必须绝对服从的意义。"[1]是不是这样呢?

其实,这明显是戴着现代人的有色眼镜来看古人。为什么这样说? 臣受命于君,就像我们今天下级受命于上级一样;现代人这样做就是天经地义,古人这样做就是专制独裁,这叫什么道理? 所谓"其尊皆天"、"可求于天",就是今人"合乎天经地义"的意思。今日某地方政府公然违背中央,

---

[1] 李存山,"对'三纲'之本义的辨析与评价",页27。

不执行其命令,可称为大逆不道;如果古人这么做,就不能"以叛言"吗?现代人奉上级之命行事,是恪尽职守;古人这样做,就是盲目服从?既然"君"是当时条件下唯一可行的政治权威,那么臣不奉君命为何不能"以叛言"?有些学者将董仲舒"天命"的思想,理解成"为了给君权至上提供合理根据"①;如果我们把董仲舒一生全部思想综合起来看,即可以发现这一理解完全背离了事实;如前所述,"天命"只是在讲下级服从上级合乎天经地义而已,这本来就是像吃饭穿衣一样很平常的道理。

## 7. 误解四:屈民伸君

《春秋繁露·玉杯》云:

> 《春秋》之法:以人随君,以君随天。……故屈民而伸君,屈君而伸天,《春秋》之大义也。

在有的人看来,"所谓'屈民而伸君'就是说臣民要绝对服从于君主","所谓'屈君而伸天'就是说君主要绝对服从'天'的意志"。② 真是这样的吗?

---

① 刘泽华等,《中国古代政治思想史》(修订本),页213。
② 李存山,"儒家的民本与民主",《博览群书》,2006年第12期,页54。

须知,从"屈甲伸乙"直接推出"甲绝对服从乙"来,是有问题的。从逻辑上讲,我们最多只能得到"甲服从乙",为什么不可说理解为"甲以乙为重"呢?这才符合"纲"字的本义。按照前面那种理解方式,有人认为"屈民伸君"是强化君权,代表法家观点;而"屈君伸天"又是以天限制君权,代表儒家观点①。这样一来,董仲舒自己在同一句话中就一会儿是儒家、一会儿是法家,他真的如此自相矛盾吗?换个角度看,"屈民伸君"和"屈君伸天"这两句话不应分开来理解,"屈君伸天"可以看作"屈民伸君"的前提。因为"天"在董氏整个思想体系中代表最高权威,臣民服从国君,也是以国君遵从天意为条件。这样一来,"屈民伸君"就是"君为臣纲",即服从国君是出于大局考虑,非为国君个人。如果是出于大局而服从国君("屈民伸君"),就符合天意("屈君伸天"),此时"屈民伸君"就与"屈君伸天"完全一致了。董氏明确主张国君违背天意会受到"天罚"(《春秋繁露·顺命》),甚至提出"君贱则臣叛"(《春秋繁露·保位权》),他不可能主张臣民在任何情况下都应绝对服从于君。

正如我们在下一章将讨论的,董氏强调"屈君伸天",实际上是为了建立道统奠定理论基础,从而为后世一切批评国君的行为提供理论依据。因为"天"代表的是"天理"、"道

---

① 李存山,"对'三纲'之本义的辨析与评价",页30—31。

义",任何一个有良知的臣民都可以凭自己的良知来确认它,因而都有资格和理由在君王和权威面前站立起来。这就从根本上打掉了君权的神圣光环,仅此一条,董氏可谓功莫大焉。

## 8. 误解五:士不得谏

《白虎通》卷五有"士不得谏"条:

> 士贱,不得豫政事,故不得谏也。

这段话表面看来否定了臣子的发言权,有时被引用来说明三纲思想与民主思想的对立。① 然而首先,这段话引自《白虎通》卷五的"谏诤"部分,这部分通篇都在讲谏诤,只对于士说了一条"不得谏"。仅以此条来反映作者有反对谏诤的立场,相当片面(下面我们将引其他各条主张谏诤的文字)。其次,这段话在说"士不得谏"时,明确交代了是由于其身份卑微、"不得豫政事"之故。即是说,士的身份决定了他没机会、没条件谏诤,于是他没有谏诤的职责。这不存在价值立场问题。"不得"二字在这里当指"无条件"、"没机会"或"不适合"(非分内事),不是指"不应当"、"不允许"。

---

① 李存山,"对'三纲'之本义的辨析与评价",页28。

因为紧接着作者就说"谋及之,得因尽其忠耳"。① 也就是说,当有条件、机会或适合于劝谏时,还是要说的。同条下面还有一句云:

《礼·保傅》曰:"大夫进谏,士传民语。"

此句清人陈立疏云:

《国语·周语》云:"故天子听政,使公卿至于列士献诗",《注》:"献诗以讽也。"是也。《大戴·保傅篇》云:"工诵正谏,士传民语",与此所引异。《注》:"工,乐人也。瞽官长诵,谓随其过,诵诗以讽。大夫谏,足以义使于瞽叟。"是大夫进谏之义,即具于正谏中也。《周语》又云"庶人传语",《注》:"庶人卑贱,见时得失,不得达,传以语王也。"是民语不能自达,须由士以传之焉。②

从上文所引可知,《白虎通》根本没有反对进谏的意思,连人民的意见还要想办法反映了国君那儿去呢!

---

① 这里有三个"得",即"不得豫政事"、"不得谏"、"得因尽其忠",其义近。《说文》"得"指"行有所得也","得"本义不训"应当",更不训"许可",训"获得",在这里指有条件。
② 陈立,《白虎通疏证》(上册),吴则虞点校,北京:中华书局,1994年,页233。

## 9. 误解六：妇人三从

《白虎通》卷一"妇人无爵"篇中称：

> 妇人无爵何？阴卑无外事，是以有三从之义：未嫁从父，既嫁从夫，夫死从子。

这段话源于《仪礼·丧服传》。有学者认为，这里"强调了妇女有绝对服从的义务。"[①]对此，首先，我想指出，妇人三从只是针对当时社会条件下男女家庭分工而言。我们都知道在多妻制的制度下，妻从夫就是一种从大局出发、不以自己为中心的精神，而夫死从子体现的是在嫡长继承制下、家族生活以男性为主导这一原则的尊重。这在当时时代条件下不能说无意义。只有把妇人三从理解为从大局出发、不以自我为中心的精神，我们才能理解，为什么《白虎通》一方面提倡妇人三从，另一方面又强调"妻谏夫"。我们不能忽略《白虎通》卷五有"妻谏夫"一条：

> 妻得谏夫者：夫妇一体，荣耻共之。《诗》云："相鼠有体，人而无礼。人而无礼，胡不遄死？"此妻谏夫之诗

---

① 李存山，"对'三纲'之本义的辨析与评价"，页28。

也。谏不从,不得去之者,本娶妻非为谏正也。故一与之齐,终身不改,此地无去天之义也。

若依照有些学者的观点,妇人三从就是指绝对服从,既如此为何这里又要讲什么"妻谏夫"呢?妻谏夫,还用"人而无礼,胡不遄死"这样激烈的语辞,可见谏之烈。如果说"谏不从,不得去"就是宣扬夫的绝对权威,那么今天妻谏、夫不从,妻就该离去吗?

# 第 2 章 "三纲"是谁提出的?

前面我们说过,孔、孟等先秦儒家并未使用过"三纲"一词。现代许多学者认为"三纲"思想来自于《韩非子·忠孝》或黄老法家,从时代背景看来源于秦汉大一统的专制统治需要。让我们先看学者们的代表性看法。

## 1. 驳先秦儒家无三纲思想

一种非常有影响的观点,是认为先秦、特别是战国儒家都主张君臣、父子、夫妇的关系是双向、互动的。因此,三纲不是先秦儒家,特别是孔、孟、荀的思想。韦政通①、张岱年、

---

① 韦政通,《中国思想史·上》,长春:吉林出版集团,2009 年,页 325。

刘泽华①、庞朴②、李存山③均主此说。张岱年说，

> 先秦时代，孔子虽然宣扬"君君臣臣，父父子子"，但是认为君臣关系有一定的相对性。他说："君使臣以礼，臣事君以忠。"（《论语·八佾》）"以道事君，不可则止。"孟子更提出："君之视臣如手足，则臣视君如腹心；君之视臣如犬马，则臣视君如国人；君之视臣如土芥，则臣视君如寇仇。"（《孟子·离娄下》）并强调"格君心之非"。荀子亦有"从道不从君"之说。到了汉代，董仲舒等宣扬"君为臣纲"，君臣关系变成片面服从的关系。④

> 先秦儒家所谓忠孝并没有绝对君权绝对父权的意义。⑤

然而首先，这一说法有一个致命的问题，即它预设了汉代以后的儒家主张绝对君权父权夫权，强调片面之爱。而事实上，重视人伦关系的双向互动，并不仅仅是先秦儒家的特点，而是后世儒家共同坚持的。正如本书所揭示的，谏诤思

---

① 刘泽华等，《中国古代政治思想史》（修订本），页245。
② 庞朴，"本来样子的三纲"，载《寻根》，1999年第10期，页9—10。
③ 李存山，"对'三纲'之本义的辨析与评价"，页29。
④ 张岱年，《中国伦理思想研究》，见《张岱年文集》第六卷，北京：清华大学出版社，1995年，页483。
⑤ 张岱年，"中国伦理思想发展规律的初步研究"，见《张岱年文集》第四卷，北京：清华大学出版社，1992年，页510。

想是历代儒家的共同主张,所谓"不可则止"、"格君非心"、"从道不从君"等等,不仅董仲舒、班固、马融、刘向等如此主张,王安石、司马光、程颐、朱熹、薛瑄……等等莫不如此主张并力行。其二,尽管先秦儒家主张双向互动,但是他们无论如何都不会、也不可能主张君臣、父子、夫妇之间是平等的关系。相反,他们都强调了二者之间的轻重、主次关系,而这种主次、轻重关系即是三纲"以某为纲"之义,而这正是前述古人"三纲"之本义。本章辑录的先秦儒家主张服从的资料可帮助我们理解这一点。

另一个重要理由是,先秦儒家讲五伦和仁爱、不讲三纲。五伦和仁爱强调双方共同的责任;而到了汉代,就从五伦演变成三纲,强调一方的绝对义务。此一说法以贺麟先生之说最为典型。他说"将五伦观念发挥为更严密更有力量的三纲说","由五伦的相对关系,进展为三纲的绝对关系。由五伦的交互之爱、等差之爱,进展为三纲的绝对之爱、片面之爱。"[①]今日学者亦有依据新出简帛证明此说者。[②]

诚然,从五伦到三纲,确实是儒家对于人伦关系理解的重要提升。具体来说,提升的过程也许分为两步:从①五伦到②三纲五纪或六纪,再到③君为臣纲、父为子纲和夫为妻纲。但是,这种"提升和凝聚",是不是就意味着大大地提升

---

[①] 贺麟,"五伦观念的新检讨",页58。
[②] 庞朴,"本来样子的三纲",载《寻根》,1999年第10期,页9—10。

了人伦关系的绝对性呢？没有任何证据表明，从"五伦"到"三纲"的"提升和凝聚"，必然意味着有一个从平等、交互关系到等级、单向关系的转变。这一点正是我们接下来所要说明的。

## 2. 驳三纲来源于黄老法家

另一种观点是，"三纲秩序本是秦代就有的法家理论。"①张岱年先生的说法最为系统，他说，

> "三纲"之说，始于汉代。先秦时代儒家的代表人物孔子、孟子、荀子都未讲三纲。……《韩非子》书的《忠孝》篇说："臣事君，子事父，妻事夫，三者顺则天下治，三者逆则天下乱，此天下之常道也。"此篇是否韩非所作，难以考定，但总是法家的作品。《忠孝》篇强调臣对君、子对父、妻对夫的片面义务，可以说是三纲观念的前驱。②

这里需要强调的是，仅仅从《韩非子》中的一段或几段

---

① 李泽厚，《中国古代思想史论》，北京：人民出版社，1986年版，页149—150。
② 张岱年，《中国伦理思想研究》，见《张岱年文集》第六卷，北京：清华大学出版社，1995年，页607。

话来证明三纲来源于法家是非常片面的,关键要看韩非子的整体倾向与董仲舒、《白虎通》等的整体倾向是否一致。我们下面将罗列许多孔子、孟子、荀子同样强调顺从的话,难道可以以此来证明孔、孟、荀主张绝对服从吗?《白虎通·五行》也说"子顺父,妻顺夫,臣顺君"的话,与韩非子"三顺"之说相近,但《白虎通》的思想倾向与《韩非子》一样吗?从逻辑上讲,从"甲顺乙"无论如何也推论不出"甲绝对服从乙"来,倒是可以解释为"甲以乙为重",而后者恰恰是后世三纲本义。

也有学者引用马王堆出土的《黄帝四经》等来证明董氏思想来自于黄老学派。① 诚然,董仲舒、班固等汉儒借用黄老学派阴阳的术语是有可能的(但汉儒借用阴阳关系,严格说来是出自《周易》,不可全归之黄老)。但是,他们借用了阴阳家的术语,而未必接受了法家的思想,特别是法家绝对服从的思想。正如我们已经和将要论证的那样,董仲舒、《白虎通》在用阴阳比喻君臣、父子、夫妇关系时,只是强调他们之间的主从和相兼,而没有主张绝对服从。

严格说来,所谓"三纲"源于法家,是一种倒果为因的逻辑。即先预设了三纲就是主张绝对尊卑和服从,鉴于法家有此思想,所以说三纲出自法家。如果"三纲代表绝对服从或绝对尊卑"这一思想前提本身就是错误的,还如何能证明

---

① 李存山,"反思儒家文化的'常道'",页9。

三纲源于法家呢?

## 3. 驳三纲源于专制统治需要

还有一种很有影响的观点说,西汉时代大一统的帝国需要有一种伟大的宗教,于是以三纲为核心的儒教就应运而生。① 这一观点的另一深层含义是,三纲之所以在西汉应运而生,是"汉承秦制"的历史现实决定的,即它满足了专制统治的现实需要。②

首先,以秦汉大一统的现实需要来说明"三纲"产生的原因,可能忽略了另一重要事实:春秋战国时代礼崩乐坏的政治坝实更需要"三纲"。理由很简单,天下大乱,诸侯纷起,天子权威扫地,生灵性命涂炭,至少在儒家看来这样的现实迫切需要强加中央权威。孔子作《春秋》,以尊王和大一统为核心,正是出于此因。古人多认为三纲思想来源于孔子作《春秋》,而非出于秦汉大一统,绝不是没有原因的。站在儒家传统自身立场上,它的政治学说以"为万世立法"、"为

---

① 贺麟先生说,"三纲说在西汉的时候才成立"是因为"西汉既然是有组织的伟大帝国",所以需要"一个伟大的有组织的伦理系统以奠定基础;于是将五伦观念发挥为更严密更有力的三纲说,及以三纲为核心的礼教,便应运而生了。"贺麟,"五伦观念的新检讨",页58。
② 庞朴,"本来样子的三纲",页9—10;白效咏,"'三纲'说与先秦秦汉之际的伦理道德转化新探",《浙江社会科学》2010年2月,第2期,页87—92;李存山,"反思儒家文化的'常道'",《孔子研究》,2011年第2期,页5;李存山,"对'三纲'之本义的辨析与评价",页29。

万世开太平"为抱负,在涉及天下安宁的永久秩序这个问题上,不可能从一朝一代的政治需要出发立论。

其次,如果"三纲"是为专制统治服务的,显然与整个儒家政治传统是对立的。我们也都知道,汉以后儒家政治传统的基本精神是主张道统高于政统(即所谓"道尊于势")。事实上,这一说法把三纲当成了法家传统,从而一方面将三纲与孔子以来的先秦儒家传统割裂开来,否认了后世儒家政治思想与先秦的连续性;另一方面又要将汉代以来整个儒家传统看成是内在分裂的。因为汉以后最有影响的儒学大家(如董仲舒、朱熹等人),恰恰是倡导三纲最力的人。难道汉代以来整个儒家传统都处在这样一种自相矛盾、言行不一的自我对立中?这种看待儒家的方式是很成问题的。

主张三纲源于秦汉大一统的人,还有一个思想史上的原因。即在先秦,讲人伦关系多从自然或亲情出发,而到汉代,汉儒"三纲"把君臣关系放在首位,似乎体现了对君主专制的妥协。比《周易·序卦》、《中庸》、《荀子·大略》、《郭店楚墓竹简·六德》(以下简称《郭店简》[①])等均有以男女关系为基点建构人伦关系的论述。战国时期的儒家,甚至还有更进一步的说法。比如孟子提出过舜"窃负而逃"(《孟子·尽心上》),《郭店简·六德》有"为父绝君,不为君绝父"的说

---

① 荆门市博物馆编,《郭店楚墓竹简》,北京:文物出版社,1998年。

法。然而,从亲情、男女还是君臣关系出发,体现的分别是家庭、自然还是社会的重要性。这些不同的角度之间并不一定相互矛盾,而是历来互补共存的。比如汉代以后,人们虽倡导"三纲",却在同时坚持把亲亲容隐制度化、法律化。董仲舒就曾说,"义而中感母恩,虽废君命,纵之可也。"① 另一方面,《白虎通·五行》"不以父命废王父命"的说法,在先秦儒家经典中也并不是没有,《左传》隐公五年盛赞"大义灭亲"就是其例。究竟是"君"重要,还是"亲"重要,在《郭店简·六德》中是"义"与"恩"的张力,在后世也就是"忠"与"孝"的张力。

即使是在先秦,讲人伦关系以君臣为先也是常见的,尤其是在讨论治理方式时。比如《中庸》讲"五达道"(君臣也、父子也、夫妇也、兄弟也、朋友之交也),即以君臣为先;《大学》中讲"为人君,为人臣,为人子,为人父,与国人交",以君臣关系为先;《孟子·告子下》论"君臣、父子、兄弟终去仁义",以君臣为先;《左传》隐公三年石碏"六顺"之说、昭公二十六年晏子"十礼"之议,皆以君臣为先;《礼记·祭统》讲"十伦",以君臣为首,后及于父子、夫妇、长幼。

此外,以君臣关系为先,还体现了儒家欲人君率先垂范、为民立极的思想,本身反映了对于政治重要性的高度重视,

---

① 转引自苏舆,《春秋繁露义证》,钟哲点校,北京:中华书局,1992年,页94。

丝毫也不意味着就主张君主专制。这尤其表现在董仲舒"为人君者,正心以正朝廷,正朝廷以正百官,正百官以正万民,正万民以正四方"(《贤良对策》①)这一经典表述中,真德秀也有类似的表述(见第5章)。不过,这种对于君主示范作用的重视在先秦儒家传统中本来就十分丰富,也不是汉儒和三纲提倡者的新发明。② 如果说汉以后以君臣为先就一定是专制需要,为什么董仲舒、《白虎通》具有强烈的反专制倾向呢(参下章)?

## 4. 孔子没有三纲思想吗?

宋儒真德秀《大学衍义》卷六谓:

> 三纲之名……非汉儒之言,古之遗言也。

与现代学者以"三纲"为汉儒造作、与孔孟荀无关不同的是,汉以后历代儒家均不这样认为;相反,他们多认为孔子作《春秋》,正是为了确立"三纲"。我们也都知道,汉代首提"三纲"的董仲舒学宗公羊,董仲舒一生是以传《春秋》为务。

---

① 参班固,《汉书·董仲舒传》(《前四史》第2册),颜师古注,北京:中华书局,1997年,页637—644,下同。引文见页638—639。
② 比如孔子说"政者正也";"君子之德风,小人之德草"(《论语·颜渊》);《大学》中说"上老老而民兴孝","尧舜率天下以仁而民从之";孟子讲"一正君而国定矣"(《孟子·离娄上》)。

叶梦得指出,孔子之所以作《春秋》,正因为"春秋之时三纲亡,五常绝。"(叶梦得《春秋考》卷一"统论")唐人赵匡指出,"《春秋》救世之宗旨"就"在尊王室、正陵僭、举三纲、提五常、彰善瘅恶。"(陆淳《春秋集解纂例》卷一"赵氏损益义第五")胡安国也认为,"三纲军政之本,圣人寓军政于《春秋》而书法若此。"(《胡氏春秋传》卷五"桓公中"注)王阳明指出,《春秋》改元为"三纲五常之始"(《王文成公全书》卷二十六"续编·五经億说十三条")

难道他们都错了?过去两千多年来的儒家学者们都在胡说?如果"三纲"不是孔孟思想,为何后世儒家皆以为孔子作《春秋》,宗旨之一即是倡"三纲"?孔子倡明的《春秋》大义,与"三纲"原来真的不是一回事吗?为什么古人普遍认为三纲来源于孔子,特别是《春秋》大义?

我想有一个重要的出发点上的分歧,即古人多认为三纲是为了天下长治久安的秩序需要而设,而不认为是为了维护专制统治需要(事实上儒家根本没有维护专制统治的传统)。人们一般认为,《春秋》是孔子针对乱世开出的药方,与三纲所追求的秩序理想完全一致。所以,虽然三纲术语直到西汉才为人使用,但是它所代表的思想是从孔子开始提倡的。

> 孔子曰:"天下有道,则礼乐征伐自天子出;天下无道,则礼乐征伐自诸侯出。自诸侯出,盖十世希不失矣;

自大夫出,五世希不失矣;陪臣执国命,三世希不失矣。天下有道,则政不在大夫。天下有道,则庶人不议。"(《论语·季氏》)

孔子谓季氏:"八佾舞於庭,是可忍也,孰不可忍也?"(《论语·八佾》)

三家者以《雍》彻。子曰:"'相维辟公,天子穆穆',奚取於三家之堂?"(《论语·八佾》)

有理由说,这正是"君为臣纲"思想的另一种表达,这种思想在孔子的《春秋》中得到了充分的体现。朱熹曾这样概括孔子《春秋》大义:

《春秋》大旨,其可见者:诛乱臣,讨贼子,内中国,外夷狄,贵王贱伯而已。(《朱子语类卷第八十三·春秋》)①

《春秋》之"微言大义"后人已多有总结,如"尊王"、"大一统"、"正名分"等。② 至于孔子作《春秋》的主要目的,古人总结得更加清楚。那就是:春秋时代长期动乱不安的主要原因是诸侯、士大夫们不顾大局、野心膨胀,争相以一己私欲

---

① 黎靖德编,《朱子语类》(全八册),王星贤点校,北京:中华书局,1994年,页2144。

② 参蒋伯潜《十三经概论》,上海:上海古籍出版社1983年版,页447—460。

凌驾于国家和社会利益之上;类似的蔑视权威、擅权作福、我行我素、罔顾他人的现象在家庭中同样存在;这些现象的共同后果就是,社会秩序彻底崩溃,人心大乱,人欲横流,世风败坏,道德沦丧:

> 世衰道微,邪说暴行有作;臣弑其君者有之,子弑其父者有之。孔子惧,作《春秋》……孔子成《春秋》而乱臣贼子惧。(《孟子·滕文公下》)
>
> 上大夫壶遂曰:"昔孔子何为而作《春秋》哉?"太史公曰:"余闻董生曰:'周道衰废,孔子为鲁司寇,诸侯害之,大夫壅之。孔子知言之不用,道之不行也,是非二百四十二年之中,以为天下仪表,贬天子,退诸侯,讨大夫,以达王事而已矣。子曰:'我欲载之空言,不如见之于行事之深切著明也。'"(《史记·太史公自序》)

由此,孔子作《春秋》是对时代社会问题的一种诊断:臣子们为君父一时之错而发动政变,因朝政一时之坏而擅威作福,此种不顾大局、不念苍生的行为,势必导致天下大乱,生灵涂炭;因此,身为臣子,不能以小我凌驾大我、因私愤罔顾大局、为个人伤及群体。这才是《春秋》尊王、忠君思想的实质,也是"三纲"思想的实质,其道理即使在今天也同样适用。也正因此,《春秋》代表了孔子对天下安宁大法的根本认识:

> 夫《春秋》,上明三王之道,下辨人事之纪,别嫌疑,明是非,定犹疑,善善恶恶,贤贤贱不肖,存亡国,继绝世,补敝起废,王道之大者也。(《史记·太史公自序》)
>
> 《春秋》论十二世之事,人道浃而王道备,法布二百四十二年之中。(《春秋繁露·玉杯》)
>
> 《春秋》正王道,明大法也。(周敦颐《周子通书》)

孔子的《春秋》思想,对于我们理解中华民族在汉代以后的数千年历史上,再也没有出现过类似于春秋战国那样长达五百多年的分裂和动乱有极大的帮助。汉代以来,中国历史上最长的一个分裂时期就是魏晋南北朝,它有两个特殊的背景:一是北方少数民族的入侵,二是名教的衰退。和西方历史发展中出现过的"分而不合"相比较,中国古代历史走的是一条"分久必合"的道路。对于中国人来说,"分而不合"意味着战乱,意味着社会秩序的丧失,意味着人民生活在水深火热之中。这无疑有助于我们理解为什么孔子提倡从大局出发、尽各人位分所要求的职责,而不是以自我为中心,小我凌驾于大我,并成为后世"三纲"思想的渊源。

## 5. 先秦儒家的三纲思想

早在近百年前,陈独秀即曾指出三纲来源于先秦,而非汉儒,尽管他是从三纲代表绝对服从和绝对等级划分的立场立论的。他引用了先秦儒家经籍中诸如"挞之流血,起敬起孝"(《礼记·内则》);"妇人者,伏于人也"(《大戴礼·本命》);"夫不在,敛枕箧簟席,襡器而藏之"(《礼记·内则》)等语来说明"三纲"非宋人发明;又引《礼记》中大量有关尊卑、贵贱的语句来说明"三纲"是原始儒家本有的思想。①

李锦全先生曾专门撰文反驳刘明武"三纲不出于先秦儒家、为汉儒发明"这一观点;他同时还反驳了"三纲"由董仲舒首创之说。其文的精彩之处,在于举出了大量在孔孟著作早就存在的臣子顺命、听从的言论。此外,李锦全认为君为臣纲本义是指在上位者以身作则,但他也提到了春秋时代王纲失坠的问题(是君为臣纲的历史背景),因此孔子天下有道无道之说,实与君为臣纲有关。②

还有学者指出,孔子主张的"君君臣臣父父子子"思想,孔、孟、荀的忠孝、名分、等级等思想,皆是"三纲"思想的明证。③ 又有学者提出,"《仪礼·丧服》中关于君臣、父子、夫

---

① 陈独秀,"宪法与孔教"(1916年11月1日),原载《新青年》第二卷第三号,见:《陈独秀著作选编》第一卷(1897—1918),页250—251。陈氏云:"愚以为三纲说不徒为宋儒所伪造,且应为孔教之根本教义。何以言之? 儒教之精华曰礼。……尊卑贵贱之所由分,即三纲之说之所由起也。"

② 李锦全,"'三纲'与孔孟之道无关吗?——兼论'三纲'如何定位及产生的社会根源",《学术研究》2003年第10期,页5—12。

③ 陈谷嘉,"孔子与封建'三纲五常'道德规范体系——兼论孔子在中国思想史的地位与影响",《湖南大学社会科学学报》,1992年第6卷第2期;沈荣森,"先秦儒家忠君思想浅探——兼论'三纲'之源",《孔子研究》,1990年第1期,页33—38。

妻之间不对等的服制规定,实际上已蕴含了萌芽状态的'三纲'观念",故"不同意'三纲'观念始于《韩非子》的观念。"①

下面我们再录部分来自先秦儒家论君臣、父子、夫妇关系的话,内容与后人常从《春秋繁露·顺命》及《白虎通·妇人无爵》中引用来证明君为臣纲、父为子纲、夫为妻纲的观点相似:

### 第一类:君臣

■孔子曰:"天下有道,则礼乐征伐自天子出;天下无道,则礼乐征伐自诸侯出。……天下有道,则政不在大夫。"(《论语·季氏》)

■孔子谓季氏:"八佾舞于庭,是可忍也,孰不可忍也?"(《论语·八佾》)

■三家者以《雍》彻。子曰:"'相维辟公,天子穆穆',奚取于三家之堂?"(《论语·八佾》)

■子云:"天无二日,土无二王,家无二主,尊无二上,示民有君臣之别也。"(《礼记·坊记》)

■以礼待君,忠顺而不懈。(《荀子·君道》)

■君者,国之隆也;父者,家之隆也。隆一而治,二而乱。自古及今,未有二隆争重而能长久者。(《荀子·致士》)

■上无君师,下无父子、夫妇,是之谓至乱。君臣、父子、

---

① 丁鼎,"《仪礼·丧服》所蕴含的'三纲'、'五伦'观念",《管子学刊》2002年第3期,页75—78。

兄弟、夫妇,始则终,终则始,与天地同理,与万世同久,夫是之谓大本。(《荀子·王制》)

■ 无君以制臣,无上以制下,天下害生纵欲。(《荀子·富国》)

**第二类:父子**

■ 子曰:"事父母几谏。见志不从,又敬不违,劳而不怨。"(《论语·里仁》)

■ 子曰:"父母在,不远游,游必有方。"(《论语·里仁》)

■ 不得乎亲,不可以为人;不顺乎亲,不可以为子。舜尽事亲之道而瞽瞍厎豫,瞽瞍厎豫而天下化;瞽瞍厎豫而天下之为父子者定,此之谓大孝。(《孟子·离娄上》)

■ 父母怒、不说,而挞之流血,不敢疾怨,起敬起孝。(《礼记·内则》)

**第三类:夫妇**

■ 妇人有三从之义,无专用之道。故未嫁从父,既嫁从夫,夫死从子。故父者,子之天也;夫者,妻之天也。妇人不贰斩者,犹曰不贰天也,妇人不能贰尊也。(《仪礼·丧服传》)

■ 壹与之齐,终身不改,故夫死不嫁。(《礼记·郊特牲》)

■ 女子之嫁也,母命之,往送之门,戒之曰:"往之女家,必敬必戒,无违夫子!"以顺为正者,妾妇之道也。(《孟子·滕文公下》)

■请问为人妻？曰：夫有礼则柔从听侍，夫无礼则恐惧而自竦也。（《荀子·君道》）

通过上述引文可以发现，仅凭董仲舒及《白虎通》中几条主张服从的话，就断言他们主张绝对尊卑或等级关系；那么我们岂不是可以因为上面的话，得出先秦儒家孔、孟、荀等人也主张绝对服从吗？

## 6. 先秦儒家反对绝对服从

所以我认为，要正确认识三纲，必须破除一个误区，即认为：服从于君、父、夫，就会反对谏诤和独立思考。服从与谏诤，这两者不但不矛盾，且相辅相成。如果权威代表大局，服从于权威有时就是必要的，有利于更好地维护全体利益；但如果不问是非地服从权威，就是愚忠，也会对全体利益不利。所以无论是古代还是今天，都同时需要服从和谏诤。也正因为如此，无论在先秦还是后世，儒家都同时主张服从和谏诤。所以，我们有理由说，三纲所代表的服从和谏诤精神，与先秦儒家传统完全一致；就其思想性质来说，与法家没有什么关系。

下面，我们先简单引述一下孔、孟、荀主张谏诤的思想，以与汉以后儒家提倡三纲的儒家对比。首先，孔、孟共同认为臣对君谏争是其义不容辞的使命：

> 季子然问:"仲由、冉求可谓大臣与?"子曰:"吾以子为异之问,曾由与求之问。所谓大臣者:以道事君,不可则止。今由与求也,可谓具臣矣。"曰:"然则从之者与?"子曰:"弑父与君,亦不从也。"(《论语·先进》)
>
> 孟子曰:"长君之恶,其罪小。逢君之恶,其罪大。今之大夫,皆逢君之恶,故曰:今之大夫,今之诸侯之罪人也。"(《孟子·告子下》)
>
> 事亲有隐而无犯。事君有犯而无隐。事师无隐无犯。(《礼记·檀弓上》)

其次,《孝经·谏争章》强调了臣子对于君父不可以不争:

> 曾子曰:"敢问子从父之令,可谓孝乎?"
>
> 子曰:"是何言与?是何言与?昔者天子有争臣七人,虽无道,不失其天下。诸侯有争臣五人,虽无道,不失其国。大夫有争臣三人,虽无道,不失其家。士有争友,则身不离于令名。父有争子,则身不陷于不义。故当不义,则子不可以不争于父,臣不可以不争于君。故当不义则争之,从父之令,又焉得为孝乎?"

再次,荀子倡导"从道不从君,从义不从父",并专门讨论了在什么情况下臣子对君父"不可从":

从命而利君谓之顺,从命而不利君谓之谄;逆命而利君谓之忠,逆命而不利君谓之篡。……君有过谋过事,将危国家殒社稷之惧也,大臣父子兄弟……有能比知同力,率群臣百吏而相与强君挢君,君虽不安不能不听,遂以解国之大患,除国之大害,成于尊君安国,谓之辅。有能抗君之命,窃君之重,反君之事,以安国之危,除君之辱,功伐足以成国之大利,谓之拂。故谏、争、辅、拂之人,社稷之臣也,国君之宝也,明君之所尊厚也。(《荀子·臣道》)

"从道不从君,从义不从父",人之大行也。……孝子所以不从命有三:从命则亲危,不从命则亲安,孝子不从命乃衷;从命则亲辱,不从命则亲荣,孝子不从命乃义;从命则禽兽,不从命则修饰,孝子不从命乃敬。故可以从而不从,是不子也;未可以从而从,是不衷也。明于从不从之义,而能致恭敬、忠信、端悫以慎行之,则可谓大孝矣。(《荀子·子道》)

荀子云:"从道不从君,从义不从父,人之大行也。"入则孝,出则弟,人之小行也。盖事有不中于道,理有不合于义者,则虽君父有命,有不必从,惟道义所在耳。([宋]孙觉《春秋经解》卷三)

《孟子》上的一段对白也把孟子心目中君臣关系的理想

模式表述得一清二楚,即为臣者,有时可推翻君位,有时当离之而去:

> 齐宣王问卿。
>
> 孟子曰:"王何卿之问也?"
>
> 王曰:"卿不同乎?"
>
> 曰:"不同。有贵戚之卿,有异姓之卿。"
>
> 王曰:"请问贵戚之卿。"
>
> 曰:"君有大过则谏,反覆之而不听,则易位。"
>
> 王勃然变乎色。
>
> 曰:"王勿异也。王问臣,臣不敢不以正对。"
>
> 王色定,然后问异姓之卿。曰:"君有过则谏,反覆之而不听,则去。"
>
> (《孟子·万章下》)

我们不要忘记,这些主张谏诤的议论,在中国历史上是历代后世儒家共同信奉并实践的格言。我们不能说,后世儒家违背了这一传统。正因如此,他们提倡的三纲,从含义上应该和这些圣贤的教导不矛盾。

## 7. 汉儒同样反对绝对服从

下面我们试图通过对倡导三纲最力的汉儒如董仲舒、

《白虎通》、班固、刘向、马融等人的研究说明（董仲舒见下章），汉儒在主张谏诤、反对绝对服从方面，和孔、孟、荀等先秦儒家完全一样，甚至有过之而无不及。如果"三纲"是为适应"汉承秦制"的需要，这是无论如何都解释不通的。

### 1)《白虎通》

《白虎通》卷五有"谏争"篇，大力倡导谏争，不得从则去之，与孟子、荀子所论合。其中多引《诗经》、《易经》、《论语》、《孝经》、《公羊传》、《礼记》、《大戴礼》等之语，这与"'三纲'思想取自法家，与先秦儒家思想无关"的观点很不一致。下面略述其中五方面，《白虎通》卷五"谏诤"条内容，该条共八章。其中"妻谏夫"条前面已引，此处从略；另一条"论隐恶之义"亦略之：

- "总论谏诤之义"条，引用《论语》、《孝经》，说明谏诤方可为君除恶。"天子置左辅、右弼、后承，以顺。左辅主修政，刺不法。右弼主纠，纪周言失倾。……虽无道不失天下，杖群贤也。"

- "论三谏待放之义"条，强调为人臣者三谏而不听则待放，引《诗》"逝将去女，适彼乐土"明其义，并云"诸侯之臣诤不从得去何？以屈尊申卑，孤恶君也。"

- "论妻谏夫"条，称"妻得谏夫者，夫妇一体，荣耻共之"。

- "论子谏父"条，提出臣谏君取折正之义，子谏父取揉之之义。

■ "论五谏"条,分谏为五种,即讽谏、顺谏、规谏、指谏、陷谏,五谏对应于仁、义、礼、智、信五常之义,并以讽谏为上;并云:"谏者何?谏者,间也,更也。是非相间,革更其行也。"

■ "论记过彻膳之义"条,指出史、宰、工、三公等朝廷百官共同承担谏诤的职责。引《礼·保傅》曰:"王失度,则史书之,工诵之,三公进读之,宰夫彻其膳。是以天子不得为非。故史之义不书过则死,宰不彻膳亦死。"盖因王"为臣下之仪样,人之所取法则也。"

另外,《白虎通·五行》中还有类似的、倡谏诤的话:

> 臣谏君何法?法金正木也。子谏父何法?法火揉直木也。臣谏君不从则去,何法?法水润下达于土也。

凡此种种,与民主体制下"你可以对上级决策提出批评,或保留异议",没有实质区别吧?

### 2)班固

班固在《汉书》中描写了西汉谏君之模范:贾谊,董仲舒,司马迁,刘向,司马相如,杨雄,汲黯……对他们多所赞美;而对于佞臣公孙弘之流,多所批评。此可见班固思想特点,亦可见汉代非如后人想象的那样,需要为强化大一统的中央集权而提倡三纲、歪曲孔子。

特别是大将军霍光,他曾在汉昭帝死后,拥立昌邑王为帝,后又因其淫乱无度,不顾太后反对,以武力废除昌邑王,另择汉武帝曾孙、时在民间的病已为帝,是为汉宣帝。像这样以武废君之人,班固却将他比作周公,给予了极高的赞美,说霍光"匡国家,安社稷,拥昭立宣,虽周公、阿衡,何以加此!"(《汉书》卷六十八"霍光传")。别忘了,班固可是《白虎通》一书的撰者啊!

### 3) 刘向

刘向《说苑》有"臣术篇"、"正谏篇",其旨与荀、孟合。其卷一"君道篇"云:

> 夫天之生人也,盖非以为君也;天之立君也,盖非以为位也。夫为人君行其私欲而不顾其人,是不承天意忘其位之所以宜事也,如此者,《春秋》不予能君而夷狄之。

其卷一"君道篇"认为如君无道,纵使弑君,亦不为过:

> 齐人弑其君,鲁襄公援戈而起曰:"孰臣而敢杀其君乎?"师惧曰:"夫齐君治之不能,任之不肖,纵一人之欲以虐万夫之性,非所以立君也,其身死自取之也。今君不爱万夫之命而伤一人之死,奚其过也?其臣已无道

矣,其君亦不足惜也。"

其卷二"臣术篇"云:

> 国家昏乱,所为不谏,然而敢犯主之颜面,言主之过失,不辞其诛,身死国安,不悔所行,如此者直臣也……
> 君有过不谏诤,将危国殒社稷也,有能尽言于君,用则留之,不用则去之,谓之谏;用则可生,不用则死,谓之诤;有能比和同力,率群下相与强矫君,君虽不安,不能不听,遂解国之大患,除国之大害,成于尊君安国谓之辅;有能亢君之命,反君之事,窃君之重以安国之危,除主之辱攻伐足以成国之大利,谓之弼。故谏诤辅弼之人,社稷之臣也,明君之所尊礼,而闇君以为己贼。①

### 4) 马融

马融据说是最早使用"三纲五常"术语之东汉学者,然其《忠经》"忠谏章"认为,忠臣事君"莫先于谏","违而不谏,则非忠臣";抗义而死,"以成君休":

> 忠臣之事君也,莫先于谏。下能言之,上能听之,则王道光矣。谏于未形者,上也;谏于已彰者,次也;谏于

---

① 此段引自《荀子·臣道》,而文字略异。

既行者,下也。违而不谏者,则非忠臣。夫谏,始于顺辞,中于抗义,终于死节,以成君休,以宁社稷。《书》云:木从绳则正,后从谏则圣。

## 8. 后世儒家反对绝对服从

批评"三纲"是愚忠一个最大的矛盾,就是无法处理历代儒家一方面主张君为臣纲或"三纲",另一方面又主张谏争、抗君。这本来不是个问题,因为"三纲"本来就不是指"绝对服从",或"单方面的绝对义务",而是指从大局出发、尽自己位分所要求的职责。所谓"自己位分所要求的职责",对于下属来说,既包含谏争的义务,也包含对在上位者(君、父、夫)身份的尊重,其中尤其重要的是不以自己为中心,不把小我凌驾于大我之上。

下面略举几例来说明,不仅汉儒在主张谏诤方面与先秦儒家无异,汉以后儒家学者也与先秦儒家无异。这既说明汉以后儒家与先秦儒家在五伦问题上并无断裂,也说明以秦汉以后集权专制体制的需要来解释"三纲"产生的背景有问题。

### 1) 王通

隋人王通倡"三纲",其《中说》卷一谓王统家"《六经》毕备,朝服祭器不假。曰:'三纲五常,自可出也。'"卷二谓其论诗"上明三纲,下达五常";卷三谓婚嫁六礼为"三纲之

首,不可废"。然而,与此同时,他亦主张大臣可废昏君、举明君。《中说》卷三("事君篇")载:

> 房玄龄曰:"书云霍光废帝举帝,何谓也?"
> 子曰:"何必霍光?古之大臣,废昏举明,所以康天下也。"

### 2)方孝孺

方孝孺以耿直著称,宁死不向权势低头。然而他同样坚守"三纲",他说:"为礼之政,而使民自揖让拜跪献酬之微,各极其敬,以至于五伦叙,而三纲立。"(方孝孺《逊志斋集》卷二"深虑论五")

### 3)薛瑄

明初大儒薛瑄称"三纲五常之理,万古犹一日"(《读书录》卷三)。但是其一生为人为官极为耿介,因王振召为大理寺正卿,拒不登门拜谢,且曰:"拜爵公朝,谢恩私室,某所不能为也。"王振权倾一时,百官见之皆跪,惟先生长揖不拜。"一日召对便殿,上衣冠未肃,先生凝立不入,上知之,即改衣冠。"(《明儒学案》卷七"河东学案一")。《明史》卷二百八十二记其"出督贵州军饷,事竣,即乞休"。"景泰二年,推南京大理寺卿。富豪杀人,狱久不决,瑄执置之法。召改北寺,苏州大饥,贫民掠富豪粟,火其居,蹈海避罪。王文以阁臣出视,坐以叛当死者二百余人,瑄力辨其诬。文恚曰:'此老倔强犹昔。'然卒得减死。屡疏告老,不许。英宗复辟,拜礼部右侍郎兼翰林院学士,入阁预机务。王文、于谦下狱,下群臣议,石亨等将置之极刑。瑄力言于帝,后二日文、谦死,获减一等。帝数见瑄,所陈皆关君德事。已,见石亨、曹吉祥乱政,疏乞骸骨。"像这样为官清廉、耿直无私、对天子敢极谏、对权贵不阿谀之人,如何能"绝对服从"?

### 4) 黄宗羲

黄宗羲是今天所有学者共奉的中国历史上有名的反对专制、倾向民主的大学者,然今据《景印文渊阁四库全书电子版》①,查其所编《明文海》中"纲纪"一词出现44次,"纲常"出现61次,"三纲"出现17次,"忠"字出现1458次;所编《明儒学案》中"三纲"出现2次(另一次讲《大学》三纲不算),"纲纪"2次,"纲常"14次,"忠"334次(有些地方系人名谥号类);

又:《明夷待访录》"置相"篇亦论等级的合理性,曰:"孟子曰:'天子一位,公一位,侯一位,伯一位,子男同一位,凡五等。君一位,卿一位,大夫一位,上士一垃,中士一位,下士一位,凡六等。'盖自外而言之,天子之去公,犹公、侯、伯、子、男

---

① 据清华大学图书馆提供,为迪志文化出版有限公司、书同文电脑技术开发有限公司制作,上海人民出版社/迪志文化出版有限公司1999年出版发行。

之递相去;自内而言之,君之去卿,犹卿、大夫、士之递相去。非独至于天子遂截然无等级也。"

此外,还有明代诤臣海瑞,死后被谥忠介。可见在古人眼里,一个人耿直、谏诤,才能为忠臣,古人没有把忠臣理解为绝对的等级划分或绝对服从。我们为何把古人想得那么愚蠢?

综上所述,我认为"三纲"本是自孔子以来儒家政治传统之一。汉代以来,董仲舒、《白虎通》等所做的工作是将先秦儒家所已述及的"五伦"中三种典型的人际关系(上下、父子、夫妇)进一步提炼,用阴阳思想来总结。如果他们借用了黄老家或阴阳家的理论,也是为了更好地达到这一目的而已,不能因此将其整个"三纲"学说看成是取自黄老或法家。由于三纲在整个儒家传统中并不代表一种盲目服从的精神,即使它确是汉代大一统的政治现实催化产生,也不能说它是服务于专制统治的需要的。

# 第3章　董仲舒主张绝对服从？

现代中国学人在批评传统特别是儒家传统的弊端时，常常拿董仲舒开刀。这个一生为人"廉直"，不谀豪强、不阿富贵，多次被人陷害、差点送掉性命、平生并不得志的书生，恐怕做梦也不会想到死后竟获得了那么大的名声，乃至成为中国几千年专制、集权思想的罪魁祸首。2002年出版、封面注明"普通高校'九五'国家级重点教材"的《中国古代史》总结道：

> 董仲舒发挥《春秋公羊传》关于封建大一统的主张，提出'春秋大一统者，天地之常经，古今之通谊（义）也"。他的所谓大一统，就是压抑诸侯，加强专制主义中央集权。他撷取阴阳五行学说，提出君权神授的理论，建议用儒家的纲常名教来维护封建统治。他也吸取了法家尊君抑臣的思想，主张用刑法加强统治。董仲舒的

新儒学适应了加强专制主义中央集权的需要,成为此后中国在 2000 年间统治人民的正统思想。儒学独尊对于学术文化的发展非常不利,但在当时却有利于专制制度的加强和国家的统一。①

总之,学者们多以为,董仲舒的天人感应理论及阴阳五行说是从神学的立场为君权、父权和夫权立论,由此确立一绝对尊卑的等级制度,为汉代大一统的中央集权的专制统治服务。冯友兰②、侯外庐③、韦政通④、任继愈⑤、李泽厚⑥、刘泽华⑦等人对此多有论述。鉴于董仲舒是三纲说法的主要发明者,以及他的思想在整个儒家三纲传统的崇高地位,本章打算专门研究一下董仲舒,以澄清历史的误会。

## 1. 董仲舒一生思想之主旨

《汉书·董仲舒传》云:

---

① 赵毅、赵轶峰主编,《中国古代史》,北京:高等教育出版社,2002 年,页 282。
② 冯友兰,《中国哲学史》,北京:中华书局,1961 年,页 521—522;冯友兰,《中国哲学史新编》(中册),页 71。
③ 侯外庐等,《中国思想史》(第二卷),页 110。
④ 韦政通,《中国思想史·上》,页 324—326。
⑤ 任继愈(主编),《中国哲学史》(二),页 73—74、90、110。
⑥ 李泽厚,《中国古代思想史论》,页 151。
⑦ 刘泽华等,《中国古代政治思想史》(修订本),页 211—217。

> 仲舒为人廉直。……凡相两国,辄事骄主,正身以率下,数上疏谏争,教令国中,所居而治。

董仲舒一生学术的主旨究竟是什么?下面我们来看刘师培和徐复观两位大儒对董仲舒的评价。刘师培早在1904年就指出,董氏思想精神实质在于限制君权。他说,"《繁露》的大旨,不外限制君权",而其限制的方法包括"以天统君","引用贤才","敷陈灾异"等。①萧公权在《中国政治思想史》中对刘师培的这一观点作了进一步论证,他说:

> 秦汉先后以武力取天下,就一方面观之,似政权转移由于人力,而君主本身足以独制天下之命。董子天命之说,殆意在攻破此倾向于绝对专制之思想。②

徐复观先生对董仲舒一生学术思想的宗旨作了深刻而系统的梳理。他认为,要准确理解董仲舒一生的学术思想,就必须弄清西汉初期儒家与法家及作为其思想来源的

---

① 刘师培,"西汉大儒董仲舒先生学术",见《刘申叔遗书补遗》,扬州:广陵书社,2008年,页413—416。

② 萧公权,《中国政治思想史》,台北:联经出版事业股份有限公司,1982年,页318。

黄老之学的对立和斗争这一重要的历史背景,特别是汉代自立国以来直到汉武帝走的还是"暴秦的老路"。所以,董氏所做的主要工作,包括他主张"任德不任刑",以及爱民、纳谏、尊贤、兴学、育才等倡议,都是围绕着如下目的而来,即:

> 把汉家所继承的秦代的政治方向,彻底扭转过来。以儒家仁爱的观念,代替法家残暴的观念;以儒家的教化观念,代替法家的刑罚观念。总结地说一句,即是要以人性的政治,代替中国古代的极权的、法西斯的政治。董生的"天人三策",正是政治上的人性的呼唤。①
> 
> 使人民不仅是在刑罚之下成为统治者的被动的工具,而是在教化观念之下都成为人格的存在,使每一个人能为其自己而完成其人格,把上下互相窥伺的威压与诈骗的社会,变成为人性交流的礼乐社会、人文社会。②

他进一步认为,

> 董氏的工作,正是"把人当人"的人性政治,对"把

---

① 徐复观,"儒家对中国历史命运挣扎之一例——西汉政治与董仲舒"(1956年),原载《民主评论》六卷二十至二十二期,此据氏著,《中国思想史论集》,上海:上海书店出版社,2004年,页280。

② 徐复观,"儒家对中国历史命运挣扎之一例",页282。

人不当人"的反人性的极权政治的决斗。①

要从法家政治所造成的"非人的社会生活"解放出来,使大家过着"人的社会生活",这是董生的崇高任务。②

按照徐复观先生的观点,我可以这样说,董生思想的主旨在于以王道代替霸道,以道统凌驾政统;虽然徐未用王道/霸道、道统/政统等术语,但是他曾这样总结董生政治思想的历史效果——:

> 所以,在中国历史中,除了现实政治之外,还敞开了一条人人可以自己作主的自立生存之路。在最近的五十年以前,中国每一个人的真实价值,并不是由皇帝所决定,而是由圣人所决定,连皇帝自己的本身也是如此。因此……虽然有时政脉断绝于上,而教脉依然延续于下,我国民族不至随朝代的变更、夷狄的侵占而同归于尽,其关键全在于此。③

他还指出,"三纲"一词虽见于董氏书,但是从其"父不父则子不子,君不君则臣不臣"(《玉杯》,本章下引《春秋繁

---

① 徐复观,"儒家对中国历史命运挣扎之一例",页253。
② 同上,页280。
③ 同上,页288。

露》只注篇名)之言,可知其"谨守伦理之对等主义"。①

人们常以董仲舒主张"罢黜百家、独尊儒术",从此禁锢中国思想两千多年为据,批评董氏思想以维护专制集权为特征,为害于中国大矣。对此,已有学者指出将"罢黜百家、独尊儒术"归咎于董仲舒之不合史实。②

本章无暇讨论董仲舒生平,但主张只有从整体上审视董仲舒一生学术的全貌,才能准确地理解其所谓"三纲"。也许你不同意刘师培、徐复观等人的观点,下面我们从若干方面来论述董仲舒。

## 2. 董氏天命观的实质

有人认为,董仲舒以"天"来限制君权,是因为他在"君为臣纲"学说中,已经把君权抬高到"绝对权威"的地步。据此来看,董子天命说是因为怕君权被抬得太高、为了平衡"君

---

① 徐复观,"儒家对中国历史命运挣扎之一例",页291。显然,徐对于"三纲"的看法与"五四"以来的主流意见一致,认为"'三纲'之正式内容,始见于《白虎通德论》,其内容与《韩非子》'三顺'之说,同辙合轨。而《白虎通德论》固系汉代皇帝'钦定'之书,其受当时政治之影响,不难想见。自此以后,'君臣大义'压在每一个人的头上,动弹不得,于是'天王明圣,臣罪当诛'的奴才论调,于以出现。"(同上,页191)

② 参蒋伯潜、蒋祖怡,《诸子与理学》,北京:九州出版社,2011年,页207—208。另参戴君仁,《梅园论学集》(台北:载静山先生遗著编辑委员会,1980年),转引自张素卿,《叙事与解释——〈左传〉经解研究》,台北:书林出版公司,1998年,页3。徐复观对于独尊儒术的效果也有较好的评价。参氏著,"儒家对中国历史命运挣扎之一例",页286—296。

为臣纲"而发明。刘泽华等人与此观点类似。① 殊不知,"以天正君"的根本目的在于发明道统以驾于政统,从此君道的话语权不掌握在国君手中,而掌握在大臣或任何有正义感的人心中;人臣谏君或抗君,并非自己谏君或抗君,而是代表天意谏君抗君;这是多么神圣的事情,国君岂能违抗!

正如萧公权先生所指出的,董子天命之说通过确立"天命无常,唯德是处"来为君道立论;"夫君位由天予夺,有德可行征诛,则人主虽尊,不能自恣。为国之本元者,既为天之臣子,其权力犹有所制也。"②

徐复观指出,董仲舒虽然表面上借用了阴阳家的理论,但对之进行了重要改造,即把"阴阳家五德运会的、盲目演进的自然历史观",转变成主要靠人事来决定政治,从而"从阴阳家的手中,把政治问题还原到儒家人文精神之上"。③ 他认为董仲舒由阴阳五行之说得出"天不变,道亦不变",实际上是"把人类行为的准则,向客观的普遍妥当性这一方面推进了一大步"。④ 这就是说,董子的"天命说"绝不是神秘主义,而是为了重建政道,即政权的合法性基础。

---

① 刘泽华等认为,"维护君权至上是董仲舒的基本政治主张之一","可是,君主个人权力过于强大,也会走向反面……这是有违于统治阶级整体利益的。鉴于此,董仲舒又试图利用天的权威给君主以一定的约束。"参刘泽华等,《中国古代政治思想史》(修订本),页213—214。
② 萧公权,《中国政治思想史》,页318。
③ 徐复观,"儒家对中国历史命运挣扎之一例",页274。
④ 徐复观,"儒家对中国历史命运挣扎之一例",页275。

许多学者认为,董仲舒阴阳五行思想和天命观,是从神学的角度把君主的权威神圣化、绝对化。然而,只要我们稍微认真地阅读一下《春秋繁露》及《贤良对策》即可发现错了。事实很清楚,董的真正目的是要以"天"(包括天道、天意)来限制君权。这一点,我们在下文有充分的说明。

### 1) 以天正君

董氏认为,王者受命于天(《顺命》),故"其法取象于天"(《天地之行》),"上奉天施而下正人,然后可以为王"(《竹林》)。取象于天,亦即"以天之端,正王之政。"(《二端》、《玉英》同)因此,"王正",则天下归于正;"王不正",则天下归于邪:"元者,始也,言本正也。……王正,则元气和顺,风雨时,景星见,黄龙下;王不正,则上变天,贼气并见。"(《王道》)

董氏强调,天下为天下人公共之产业,绝非一人一姓之私物。故天子只是替天行事,代天管理而已。正因为天下非帝王之私产,帝王不得以之随意予人。"尧舜受命于天而王天下,犹子安敢擅以所重受于天者予他人也。"(《尧舜不擅移汤武不专杀》)

然而有些君王不明此理,违天之道、逆天之命,这样的人也会受到天伐、天夺。"王者,天之所予也;其所伐,皆天之所夺也。"(《尧舜不擅移汤武不专杀》)

康有为《春秋董氏学》"纲统"条说董仲舒"所称皆天,亦统于天"①。

### 2) 以灾异正君

刘师培指出,《繁露》一书自《奉本》而下,篇篇都是言阴阳五行的。他说,灾异本是欺世诬民的学问,但西汉时人人都信灾异,董仲舒所以用灾异来警戒国君不失为有效策略之一。"灾异一宗事,可以儆戒人君,教做人君的人,晓得自己作了恶,上天就要降灾,自然就不敢得罪百姓了。所以专制时代,引陈灾异,也是限制君权的一端。这真是以(天)(元)统君的确证了。"他并说西汉时,刘向、匡衡等也处处说灾异,与董子是一样的,"这是限制君权的第二法"。② 徐复观进一步认为,当时没有法律或其他制度手段限制国君,灾异是最好的办法了。③

灾异可以说是天施行惩罚最重要的手段之一,天子当从中获得警诫。"灾者,天之谴也;异者,天之威也;谴之而不知,乃畏之以威。诗云:'畏天之威',殆此谓也"(《必仁且智》)。为什么对灾异要保持高度警惕呢? 因为"凡灾异之本,尽生于国家之失。国家之失乃始萌芽,而天出灾害以谴告之;谴告之而不知变,乃见怪异以惊骇之;惊骇之尚不知畏

---

① 康有为,《春秋董氏学》,楼宇烈整理,北京:中华书局,1990 年,页 174。
② 刘师培,"西汉大儒董仲舒先生学术",页 413—416。
③ 徐复观,"儒家对中国历史命运挣扎之一例",页 277—278。

恐,其殃咎乃至。"(《必仁且智》)

因此,《春秋》中所书灾异现象,包括日蚀、地震、灾害之类,莫不是提醒人们天之谴告。"故书日蚀,星陨,有蜮,山崩,地震,夏大雨水,冬大雨雹,陨霜不杀草,自正月不雨至于秋七月,有鹳鹆来巢,《春秋》异之,以此见悖乱之征。"(《二端》)"有星茀于东方,于大辰,入北斗,常星不见,地震,梁山沙鹿崩,宋、卫、陈、郑灾,王公大夫篡弑者,春秋皆书以为大异。"(《奉本》)"春秋举之以为一端者,亦欲其省天谴而畏天威。"(《二端》)

身为人君者,对于天之谴告,务必深刻自省,切实改正,而不能埋怨或厌恶。"灾异以见天意,天意有欲也、有不欲也,所欲、所不欲者,人内以自省,宜有惩于心。"(《必仁且智》)楚庄王就是最好的例子。看不见天灾地害,以为天将亡己,"不说吾过,以极吾罪",故"祷之于山川",可见其人自省。(《必仁且智》)"是故天之所加,虽为灾害,犹承而大之,其钦无穷。"(《奉本》)

## 3. 正君是董氏核心

### 1) 以德正君

徐复观指出,"董生最大的目的是要在政治上以儒家的'德'的观念,代替法家的'刑'的观念",而"任德不任刑"的思想内涵之一,"是统治者首先应当从权力中纯化自己,使自己成为有德之人"。①

首先,董氏认为,国君是否有德,是决定他能否附其民、配天地,即能否成为一名合格君王的必要条件。所谓"天子"、"皇帝"之类的称号,本来就是反映国君的德性而起的。"德侔天地者,皇天右而子之,号称天子。"(《顺命》)又曰:"德侔天地者称皇帝。"(《三代改制质文》)"至德以受命,豪英高明之人辐辏归之。"(《观德》)因此,他主张,"为人君者,固守其德,以附其民。"《保位权》

其次,身为天子或国君,最应当学习的莫过于天德。"天地者,万物之本,先祖之所出也。广大无极,其德昭明。……君臣、父子、夫妇之道取之此。"(《观德》)

其三,如果身为天子或国君,而不学天德、不能附民,则《春秋》会削其名号,夺其爵位。"故其德足以安乐民者,天予之;其恶足以贼民者,天夺之。"(《尧舜不擅移汤武不专杀》)"其无德于天地之间者,州、国、人、民,甚者不得系国邑。……无名姓号氏於天地之间,至贱乎贱者也。"(《顺命》)

其四,《春秋繁露》一书列举了大量国君失德而受贬、有德而得褒的例子。例如郑襄公伐丧、叛盟,无信无义,故"生不得称子"、"死不得书葬"(《竹林》);楚灵讨陈蔡之贼、齐桓问涛涂之罪、阖庐正楚蔡之难,皆有功于天下,然所为出于私

---

① 徐复观,"儒家对中国历史命运挣扎之一例",页287、281。

心,"其身不正",故"春秋弗予";潞子婴儿虽亡国之君,然而"春秋予之有义,其身正也"。(《仁义法》)

最后,董氏认为,春秋原心而定罪,孔子实以心志作为对国君道德品质的重要要求。"孔子立新王之道,明其贵志以反和,见其好诚以灭伪。""《春秋》之论事,莫重于志。""先质而后文,右志而左物","志敬而节具,则君子予之知礼;志和而音雅,则君子予之知乐;志哀而居约,则君子予之知丧。"(《玉杯》)

### 2) 以民正君

首先,董氏强调,人民不是为统治者而存在;相反,是统治者为人民而存在。"天之生民,非为王也,而天立王以为民也。"(《尧舜不擅移汤武不专杀》)所以,如果国君不爱民,只有死路一条,"不爱民之渐乃至于死亡"《俞序》)。

其次,董氏从"王"的含义上阐述了以民为本的思想,认为所谓王,即是能够让人民趋之若鹜、归之如海的人。"王者,民之所往;君者,不失其群者也;故能使万民往之,而得天下之群者,无敌于天下。"(《灭国上》)

其三,爱民之君,将使人民尊德乐道,安居乐业:"民家给人足,无怨望忿怒之患、强弱之难,无逸贼妒疾之人,民修德而美好,被发衔哺而游",由于人民"不慕富贵,耻恶不犯,父不哭子,兄不哭弟",天下生灵皆受其化,"毒虫不螫,猛兽不搏,抵虫不触。"(《王道》)

其四，爱民之君，将获天地福报，万物同兴，风调雨顺："天为之下甘露，朱草生，醴泉出，风雨时，嘉禾兴，凤凰麒麟游于郊"；爱民之君，将使人民归朴，四海归朝，天下大和："囹圄空虚，画衣裳而民不犯，四夷传译而朝，民情至朴而不文。"（《王道》）

最后，爱民的方法包括严于律己，"不敢有君民之心"；"什一而税"，不敢有剥削之情；"不夺民时，使民不过岁三日"；移风易俗，教之以忠爱敬老；以身作则，"亲亲而尊尊"。（《王道》）

### 3）以古正君

这表现在董氏强调史事之作用。因为古代表的是过去和历史，其中有许多教训可资借鉴。《精华》称："古之人有言曰：不知来，视诸往。""观其是非，可以得其正法"（《楚庄王》）。

其次，孔子作春秋，即是以史为鉴。《楚庄王》称："春秋之道，奉天而法古。"《精华》云："春秋之为学也，道往而明来者也。"《贤良对策》曰："《春秋》之中，视前世已行之事，以观天人相与之际，甚可畏也。"

其三，他多番称述"五帝三王之治天下"（《王道》），道其可学之行。《三代改制质文》云"古之王者受命而王，改制称号正月"；《郊语》称"古之圣王，文章之最重者也"；《郊祭》曰"古之畏敬天而重天郊如此甚也"。

此外,董氏称述古代帝王之处还包括如:"古者修教训之官"(《贤良对策》),"古者不盟"(《王道》),"古者人君立于阴"(《王道》),"古者天子衣文"(《度制》),"古者上卿下卿上士下士"(《爵国》),"古者岁四祭"(《四祭》),"古者天子之礼莫重于郊"(《郊事对》),等等。

最后,他多次提到要以秦为至痛的历史教训。"至周之末世,大为亡道,以失天下。秦继其后,独不能改,又益甚之。"秦的历史教训之一是"师申商之法,行韩非之说"(《贤良对策》)。

### 4) 以六艺正君

仲舒曰:"君子知在位者之不能以恶服人也,是故简六艺以赡养之。"(《玉杯》)这种思想的实质在于,道统高于政统。这为此后千百年儒家自认以帝王师自居,以及批评时政得失,勇于抗谏提供了理论基础。《春秋繁露》多引《诗》、《书》等阐明为君之道,而整体上以《春秋》为君道之本。

### 5) 以名号正君

以名号正君即是正名,"名之为言,鸣与命也;号之为言,謞而效也",是非、逆顺之正,"取之名号"。(《深察名号》)《深察名号》辨析了"王""君"等名号的含义,以此告诫国君行为的准则。"王者皇也,王者方也,王者匡也,王者黄也,王者往也。""君者,元也;君者,原也;君者,权也;君者,温也;

君者,群也。"他认为,"君"之名决定了其言行为万事之本、万行之原。故人君当经行权,以举措得宜;道平德温,以安民合群。

在其他地方,他还对"皇帝"、"王"、"天子"等名词的字面含义进行了剖析,说明身居此位的人需要具备什么样的德性或品质(参《三代改制质文》、《王道通三》、《顺命》等篇)。

## 4. 以臣正君——任贤

董氏正君思想还有另一个重要方面,即以臣正君,也即任贤使能。这本是上节的一部分,但因内容丰富,单列作节,突出其重要性。

任贤使能是儒家极力倡导的治国思想之一,《中庸》提出"尊贤则不惑"、"敬大臣则不眩",孟子倡导"尊贤使能,俊杰在位"(《孟子·公孙丑上》),可以说任贤体现了儒家寄希望于以臣、特别是以贤能正君的基本精神。董仲舒完全继承了这一精神,反复强调天下兴亡依赖于贤能(而武帝亦诏告州郡举孝廉,求贤良方正、极言极谏之士。武帝可没有诏求"绝对服从"之士呀!)。

首先,董氏从理论高度论证了任贤使能的必要性,这主要体现在如下几方面:

1) 圣人没有三头六臂,治天下须靠众贤之力。"天道积聚众精以为光,圣人积聚众善以为功。"(《考功名》)"圣人积众贤以自强。"(《立元神》)"天道务盛其精,圣人务众其贤;盛其精而壹其阳,众其贤而同其心。"(《立元神》)"贤积于其主,则上下相制使。"(《通国身》)

2) 圣人之所以为圣,非由于一己之德,而由于众人之贤;非由于一人之善,而积自众人之善。"圣人所以强者,非一贤之德也。"(《立元神》)"日月之明,非一精之光也;圣人致太平,非一善之功也。"(《考功名》)故贤之于君,如精之如人;精盛则人壮,贤多则君强;"治身者以积精为宝,治国者以积贤为道。"(《通国身》)

3) 贤之于君,犹如股肱,相辅而相成,相得而益彰。他以人心比人君,以四肢耳目比人臣:"君臣之礼,若心之与体……心所以全者,体之力也;君所以安者,臣之功也";臣贤,君蒙其恩,若形体之静,而心得以安";"臣不忠而君灭亡,若形体妄动,而心为之丧。"(《天地之行》)故"欲为尊者,在于任贤。"(《立元神》)

其三,董氏从天命观角度论证任贤的必要性。他说人君任贤使能,乃法天之四德:仁、明、神、刚。"为人君者,其法取象于天。故贵爵而臣国,所以为仁也";"任贤使能,观听四方,所以为明也;量能授官,贤愚有差,所以相承也;引贤自近,以备股肱,所以为刚也。"(《天地之行》)

其四,他总结了任贤使能的积极功用,认为任贤对于国君地位、百姓安宁、天下治乱及青史留名等均有着无可置疑的重要意义。"所任贤,谓之主尊国安。"(《精华》)"能致贤,则德泽洽而国太平。"(《通国身》)"遍得天下之贤人,则三王之盛易为,而尧舜之名可及也。"(《贤良对策》)鲁僖公重用季子,身安国定二十年。"观乎齐桓、晋文、宋襄、楚庄,知任贤奉上之功。观乎鲁隐、祭仲、叔武、孔父、荀息、仇牧、吴季子、公子目夷,知忠臣之效。"(《王道》)尧、舜等历史上的圣王就是任贤能的最好范例。"尧受命……诛逐乱臣,务求贤圣,是以得舜、禹、稷、卨、咎繇。众圣辅德,贤能佐职,教化大行,天下和洽,万民皆安仁乐谊。"(《贤良对策》)

其五,他总结了不任贤使能的后果或下场,小则主卑国危,大则国亡身死。"所任非其人,谓之主卑国危。万世必然,无所疑也。其在《易》曰:'鼎折足,覆公餗。'"(《精华》)在这方面,有不少反面的例子。"秦穆侮蹇叔而大败,郑文轻众而丧师。"(《竹林》)晋之赵盾与吴之伍子胥皆罕见贤臣,其国君或欲杀之,或欲去之,结果晋灵丧命,夫差亡国。此外还有如"楚王髡托其国于子玉得臣,而天下畏之;虞公托其国于宫之奇,晋献患之;及髡杀得臣,天下轻之;虞公不用宫之奇,晋献亡之;存亡之端,不可不知也。"(《灭国上》)

其五,鉴于上述,他向国君提出要求:"治国者,务尽卑谦以致贤。"(《通国身》)"是以建治之术,贵得贤而同心。"(《立元神》)如何致贤?"臣愿陛下兴太学,置明师,以养天下之士,数考问以尽其材,则英俊宜可得矣。……毋以日月为功,实试贤能为上,量材而授官,录德而定位,则廉耻殊路,贤不肖异处矣!"(《贤良对策》)

最后,他还考察了五种不同类型的重臣及其含义,以落实"量材授官、录德定位"之原则。五臣即司农、司马、司营、司徒、司寇。"司农尚仁,进经术之士,道之以帝王之路,将顺其美,匡捄其恶。""司马尚智,进贤圣之士……至忠厚仁,辅翼其君"。"司营尚信……称述往古,以厉主意。明见成败,微谏纳善,防灭其恶。"(《五行相生》)

## 5. 讥君刺君比比皆是

董仲舒一生留下的唯一一部学术著作《春秋繁露》主要就是解《春秋》的。鉴于《春秋》本来就是一部批评现实的政治著作,所以董氏自然也会以认识到并以讥刺、批评现实特别是当权者为最重要的任务或神圣的使命。如果董的"三纲"思想真的像后人理解的那样,只是强调君尊臣卑、绝对等级、单向服从,他又如何进入称得上汉初最杰出的公羊家?试看董生自己是怎么说《春秋》大义的:

《春秋》刺上之过,而矜下之苦;小恶在外弗举,在我书而诽之。(《仁义法》)

孔子明得失,差贵贱,反王道之本,讥天王以致太平。刺恶讥微,不遗小大,善无细而不举,恶无细而不去,进善诛恶,绝诸本而已矣。(《王道》)

别嫌疑之行,以明正世之义;采撷托意,以缲失

礼……赏善诛恶,而王泽洽。(《盟会要》)

于所见微其辞,于所闻痛其祸,于传闻杀其恩,与情俱也。(《楚庄王》)

司马迁在《史记·太史公自序》中称:

余闻之董生曰:"……孔子知言之不用,道之不行也,是非二百四十二年之中,以为天下仪表。贬天子,退诸侯,讨大夫,以达王事而已矣。"

这是司马迁自述其受之于董仲舒的话,可见董氏作为《春秋》学者充分认识到,只有通过对天子、诸侯及一切当政者的品评特别是批评,才能真正阐明王道。如果董仲舒把"三纲"特别是"君为臣纲"理解为只是绝对服从权威或"尽单方面的绝对的义务",他就完全违背了孔子作《春秋》的根本精神。事实上,董仲舒在阐明孔子思想时,正是时时处处着力贯彻《春秋》讥评当权者的精神:

"天王使宰喧来归惠公仲子之赗",刺不及事也;"天王伐郑",讥亲也;"会王世子",讥微也;"祭公来逆王后",讥失礼也。刺"家父求车","武氏毛伯求赙金","王人救卫","王师败于贸戎"。(《王道》)

"作南门","刻桷丹楹","作雉门及两观","筑三

台","新延厩",讥骄溢不恤下也。(《王道》)

细读可知,《春秋繁露》全书贯穿的主题都是讥君、谏君、评君、纠君、正君,俯拾皆是,不胜枚举。例如:

- 讥以丧取(《玉杯》"文公");
- 讥伐同姓(《楚庄王》"晋伐鲜虞");
- 讥伐丧(《竹林》);
- 讥伐亲(《王道》"天王伐郑");
- 讥天王微(《王道》"会王世子");
- 讥骄满(《竹林》齐顷公以不慎取祸);
- 讥失礼(《王道》"祭公来逆王后");
- 讥好利(《玉英》隐公观鱼、天王求賻求金);
- 讥违制(《爵国》"作三军");
- 讥得位不以正(《玉英》"非其位而即之");
- 讥擅权(不与诸侯专讨、专封、专地、专杀、致天子,见《楚庄王》《王道》等);
- 讥好战(《竹林》);
- 讥不听谏(《王道》);
- 讥不爱民(《竹林》);
- 讥骄不恤下(《王道》);
- 刺政在大夫(《竹林》"溴梁之盟,信在大夫";《王道》"大夫盟于澶渊");
- 刺不及事(《王道》);

■刺天王不绝细恶(《王道》)。

此外,书中论《春秋》讥君之言尤多见于《灭国》一篇。

## 6. 为君者当敬慎自律

董氏云:"道千乘之国,敬而慎之"(《竹林》)。他以鲁桓公与齐桓公对比,谓齐桓罪重而知惧,故能霸,曰"凡人有忧而不知忧者,凶"(《玉英》)。董氏诫为君者何其深也?

首先,"君人者,国之元。发言动作,万物之枢机。枢机之发,荣辱之端也。失之豪厘,驷不及追。故为人君者,谨本详始,敬小慎微,志如死灰……。"(《立元神》)

其次,"人主之好恶喜怒,乃天之暖清寒暑也,不可不审其处而出也。"(《随本消息》)分析天下大事,主要分析霸道,指出"所行从不足恃,所事者不可不慎。"(《王道通三》)

其三,国君最宜谨慎对待的就是天灾。《二端》谓:《春秋》举灾异以为一端者,"亦欲其省天谴而畏天威,内动于心志,外见于事情,修身审己,明善心以反道者也,岂非贵微重始、慎终推效者哉!"

其四,即位是关系国本之大事,尤宜慎重待之,切不可贪婪。"非其位而即之,虽受之先君,《春秋》危之,宋缪公是也;非其位,不受之先君,而自即之,《春秋》危之,吴王僚是也;虽然,苟能行善得众,《春秋》弗危,卫侯晋以立书葬是也;俱不宜立,而宋缪受之先君而危,卫宣弗受先君而不危。"

(《玉英》)

此外,历史上许多国君因骄惹祸、因慎得福,足以证明敬慎之道。《竹林》细剖齐顷公前骄惹祸,后谨获福,深戒"福之本生丁忧,而祸起于喜";又以虫牢之盟与郑伯为例,深戒国君"知其为得失之大也,故敬而慎之"。《灭国上》、《灭国下》评诸侯身死或国灭之原因不外有三:一是失民心,二是不群(外交),三是不重贤。具体讨论了卫侯朔、虞公、晋灵公、楚灵王、楚王髡、曹伯、鲁隐公、鲁庄公、齐桓公等君;谭、戴、邓、谷、成、曹、卫、邢等国。《王道》历举郑庄、齐桓、晋文、宋襄、楚庄、鲁隐、祭仲、叔武、孔父、荀息、仇牧、吴季子、公子目夷、楚公子比、潞子、鲁昭、宋伯姬、吴王夫差、虞公、晋献、楚昭、陈佗、宋闵、晋厉、楚灵、鲁庄、卫侯朔、凡伯、郤缺、公子翚论存亡之道,对于无道之君尤多批评,并要求"明王视于冥冥,听于无声……未有去人君之权,能制其势者也;未有贵贱无差,能全其位者也。故君子慎之。"

## 7. 为君者须恪守君道

《天地之行》认为人君治国之道"取象于天",具体提到了"贵爵臣国"、"深居隐处"、"任贤使能"、"量能授官"、考功赏罚等要素。该书其他地方从不同角度论述君道还有很多。或谓董氏主张臣对君要"绝对服从",然《春秋繁露》通书反复叮咛、告诫为君之道,分明是讲给当时及后世之君听

的。难道董氏不知道自己是臣,竟以服从国君为务?下辑董氏论君道若干:

■敬天。"为人主也,道莫明省身之天,如天出之也。使其出也,答天之出四时,而必忠其受也。则尧舜之治无以加,是可生可杀而不可使为乱。"(《为人者天》)"人主近天之所近,远天之所远,大天之所大,小天之所小。"(《阳尊阴卑》)类似的说法不胜枚举。

■法阴阳。为人主法天之行,为人臣法地之道(《离合根》)。"人臣居阳而为阴,人君居阴而为阳,阴道尚形而露情,阳道无端而贵神。"(《立元神》)

■崇三本,即贯通天、地、人。"古之造文者,三画而连其中,谓之王;三画者,天、地与人也,而连其中者,通其道也,取天地与人之中以为贯,而参通之,非王者庸能当是?"(《王道通三》)《立元神》分别从郊祀祖祢、劝耕农桑和教化礼乐三方面讲"肃慎三本"。

■爱民(参前"以民正君")。

■正心。"为人君者,正心以正朝廷,正朝廷以正百官,正百官以正万民,正万民以正四方。四方正,远近莫敢不壹于正。"(《贤良对策》)

■任贤(参"以臣正君")。"夫欲为尊者,在于任贤。……贤者备股肱,则君尊严而国安"(《立元神》)。

■听谏。《王道》举曹伯不听曹羁而死,吴王不听子胥而灭,秦穆不听蹇叔而败,虞公不听宫之奇而亡,说明"尚有正谏而不用,卒皆取亡"。

■贵神,此指君人南面的神秘之术。"为人君者,其要贵神。""神者……言其所以进止不可得而见也","其所以号令不可得而闻也";"不见不闻,是谓冥昏,能冥则明,能昏则彰,能冥能昏,是谓神。"(《立元神》)"故为人主者……内深藏,所以为神。"(《离合根》)

■无为。"故为人主者,以无为为道,以不私为宝。立无为之位,而乘备具之官。足不自动,而相者导进。口不自言,而摈者赞辞。心不自虑,而群臣效当。故莫见其为之而功成矣。"(《离合根》)"为人君者居无为之位,行不言之教。"(《保位权》)

■行善得众。"苟能行善得众,《春秋》弗危,卫侯晋以立书葬是也;俱不宜立,而宋缪受之先君而危,卫宣弗受先君而不危,以此见得众心之为大安也。"(《玉英》)

■施行五常。以仁爱民,以义正己(《仁义法》);既仁且智,德加万民(《必仁且智》);辨义利以化民(《身之养重于义》);"仁人者正其道不谋其利,修其理不急其功",仁圣之君"贵信而贱诈"(《对胶西王越大夫不得为仁》);奉天以崇礼(《奉本》);"伐丧无义,叛盟无信"(《竹林》);《王道通三》谓仁自天,行仁以奉天。

■改制。"今所谓新王必改制者,非改其道,非变其理,受命于天,易姓更王,非继前王而王也,若一因前制,修故业,而无有所改,是与继前王而王者无以别。"(《楚庄王》)"王者

必改正朔,易服色,制礼乐,一统于天下。"(《三代改制质文》)

■考绩黜陟之法(《考功名》),以爵禄尊卑劝民。"圣人之治国也,因天地之性情,孔窍之所利,以立尊卑之制,以等贵贱之差。""故设赏以劝之","设罚以畏之","既有所劝,又有所畏,然后可得而制。"(《保位权》)

■任德不任刑。《阳尊阴卑》称"天数右阳而不右阴,务德而不务刑;刑之不可任以成世也,犹阴之不可任以成岁也;为政而任刑,谓之逆天,非王道也。"

■正名,即深察名号。"治天下之端,在审辨大;辨大之端,在深察名号。""是非之正,取之逆顺;逆顺之正,取之名号;名号之正,取之天地;天地为名号之大义也。"(《深察名号》)

■教化。"南面而治天下,莫不以教化为大务。立太学以教于国,设庠序以化于邑,渐民以仁,摩民以谊,节民以礼,故其刑罚甚轻而禁不犯者,教化行而习俗美也。"(《贤良对策》)

■以身作则。"我不自正,虽能正人,弗予为义。"(《仁义法》)"君之所好,民必从之。"(《为人者天》)。"为礼不敬则伤行,而民弗尊;居上不宽则伤厚,而民弗亲;弗亲则弗信,弗尊则弗敬;二端之政诡于上而僻行之,则讥于下。"(《仁义法》)"人主立于生杀之位,与天共持变化之势,物莫不应天化。""人主以好恶喜怒变习俗。"(《王道通三》)

## 8. 有专权犯上，而董氏予之

董氏一再强调《春秋》有常、有变，有经、有权，有经礼、有变礼，乃至有诡辞。所谓"《春秋》无达辞"(《精华》)，"《春秋》无通辞，从变而移"(《竹林》)；"权虽反经……尚归之以奉钜经"(《玉英》)。今人读董氏书，泥于字面意思，而不味其深心；陷于一句文义，而昧于其精神，可不哀哉！

例如，本来《春秋》大义之一是"诸侯不得专地，不得专封"(《王道》)，但是，对于桓公、晋文这样做却予肯定，因其为天下除患。"桓公救中国，攘夷狄，卒服楚，至为王者事；晋文再致天子，皆止不诛，善其牧诸侯，奉献天子，而服周室，《春秋》予之为伯，诛意不诛辞之谓也。"(《王道》)又云："桓公存邢、卫、杞，不见《春秋》，内心予之行，法绝而不予，止乱之道也，非诸侯所当为也。"(《王道》)

董氏认为：《春秋》之法，大夫有可专之事，则自专之。当专而不专，为不义，《春秋》贬之。"有危而不专救，谓之不忠；无危而擅生事，是卑君也。"(《精华》)"出境有可以安社稷、利国家者，则专之可也"，这是针对"救危除患"而言的；又曰"大夫以君命出，进退在大夫也"，这是针对"将帅用兵"的(《精华》)。例如，公子结媵陈人之归，顺道与齐侯、宋公盟，虽擅为，然能解国之患，《春秋》是之。公子遂受命使京师,擅赴于晋,《春秋》非之。这与所谓"绝对服从",已大相出入矣!

襄公十六年三月,"公会晋侯、宋公、卫侯、郑伯、曹伯、莒子、邾娄子、薛伯、杞伯、小邾娄子于湨梁;戊寅,大夫盟。"这是《春秋》经文。分明诸侯都在,却由大夫相盟,岂不怪哉?《公羊传》解此事,认为这时"信在大夫",此记为了"遍刺天下之大夫"。然而董仲舒评此段与《公羊传》有异,认为虽"平在大夫,亦夺君尊","而《春秋》大之"(《竹林》),即认为这是在赞美列国大夫。这表明了董仲舒的立场,后文虽未解释,但可猜想他的真实原因:天下无道,诸侯无为,大夫起而为之,遂成安天下之功,岂不美哉?

董氏从不主张机械地、无原则地尊君。有冒死救君而遭董氏贬低者。《竹林》讥齐逢丑父杀身而存其君,认为他"措其君于人所甚贱","《春秋》以为不知权而简之。"主张他当正告己君,"是无耻也而复重罪",与其生以辱,不如死以荣。丑父虽存君,然"欺而不中权,忠而不中义"。

## 9. 有擅废君命,而董氏大之

宣公十五年,楚庄王亲率大兵围宋。宋人弹尽粮绝,"易子而食,析骸而炊"。庄王让子反使于宋,劝其早降。司马子反见华元,问其军情。华元为宋执政,据实以告;并谓:"知子反为君子,故告实情"。子反深受触动,告诉华元:"吾军亦剩七日之粮,七日不胜必归"。遂反,告庄王。庄王怒,欲攻宋。子反以自逃相要,庄王只得罢兵。董仲舒叙述此事,说"司马子反为其君使,废君命,与敌情,从其所请,与宋平",然而"《春秋》大之"。(《竹林》)像这样通敌卖国、擅废君命、罪不容诛的行为,《春秋》何以大之?

董仲舒指出,原因在于司马子反的行为合乎仁道:"为其有惨怛之恩,不忍饿一国之民,使之相食。……故大之也。"(《竹林》)他说,子反见宋人易子相食,怵目惊心,心有不忍,故有违礼之举,这岂不合乎人之常情吗?再者,礼当合于仁、文而成,"今使人相食,大失其仁,安著其礼?"复次,"君子之道贵乎让"。子反"见人相食,惊人相炊,救之忘其让",岂不可贵?(《竹林》)

郑祭仲驱逐国君,乃大逆不道;鲁隐公代桓而立,为违礼犯规。然其本心为了存国,故皆许之。"鲁隐之代桓立,祭仲之出忽立突……此皆执权存国,行正世之义,守惓惓之心,《春秋》嘉气义焉,故皆见之,复正之谓也。"(《王道》)

其他为臣不臣而得董氏肯定者还有不少:"胁严社而不为不敬灵,出天王而不为不尊上,辞父命而不为不承亲,绝母之属而不为不孝慈,义矣夫!"(《精华》)。据苏舆注:"胁严社"指庄二十五年大水以鼓攻之,"出天王"指僖二十四年天王出居于郑,"辞父命"指哀三年以王父命辞父命,即卫辄辞世子蒯聩入,"绝母"指庄元年夫人逊于齐。

董氏还认为,有时因母恩废君命,亦无不可(《白孔六帖》)。① 这也证明那种认为汉儒把君权提高到绝对的地位,成为凌驾于父子、夫妇及六纪之首的绝对要求,并非事实。

## 10. 有弑君废昏,而董氏许之

"君贱则臣叛"(《保位权》)。"父不父则子不子,君不君则臣不臣"(《玉杯》)。"君命顺,则民有顺命;君命逆,则民有逆命。"(《为人者天》)董氏对于自败之君,多有所批评(参《王道》、《贤良对策》),认为"在位者之不能以恶服人"(《玉杯》)。《尧舜不擅移汤武不专杀》从理论高度论述了无道之君可伐、可夺,充分证明董仲舒丝毫没有将君臣关系理解为绝对服从关系。董氏书中有大量抨击无道昏君不懂爱民而亡之例,包括桀、纣及秦君。

董氏认为,历史上被弑之君,有些无可指责。例如,"卫人杀州吁,齐人杀无知,明君臣之义,守国之正也。"(《王道》)因此,不可一律指责。《精华》篇讲《春秋》听狱"本其事而原其志",同为弑君,里克杀奚齐与公子商人弑君舍,对待不同:"俱欺三军,或死或不死;俱弑君,或诛或不诛。"

有些无道之君被杀,实因其草菅人命,作恶多端。《俞序》篇讲多述国亡身死之君,多咎由自取。"不爱民之渐,乃

---

① 转引自《春秋繁露义证》,页94。

至于死亡,故言楚灵王、晋厉公生弑于位,不仁之所致也";"或奢侈使人愤怨,或暴虐贼害人,终皆祸及身。故子池言鲁庄筑台,丹楹刻意者,皆不得以寿终。""其为切而至于杀君亡国,奔走不得保其社稷,其所以然,是皆不明于道,不览于《春秋》也。"《王道》细数晋灵公、晋厉公、宋闵公、楚灵王等被臣下所弑乃由自取。晋灵公戏虐手下,谋诛大臣,为赵氏所杀;晋厉公妒大夫,无贵贱,被大夫万所杀;楚灵王灭陈蔡,杀大臣,疲民行暴,父子相杀,国为人所取。

天子的神圣职责是替天行道,故当其无道而所受人讨伐,岂不合情合理?《尧舜不擅移汤武不专杀》极论昏庸无道之君,令不行而禁不止,不能服民,其被夺合乎天意,其被杀不能称弑。其意与孟子同:"王者,天之所予也,其所伐,皆天之所夺也。""故夏无道而殷伐之,殷无道而周伐之,周无道而秦伐之,秦无道而汉伐之。有道伐无道,此天理也,所从来久矣。""君也者,掌令者也,令行而禁止也。今桀纣令天下而不行,禁天下而不止,安在其能臣天下也! 果不能臣天下,何谓汤武弑?"

《顺命》称无道之君被弑,无道之父被杀,可视为天罚。"专诛绝者,其唯天乎! ……亡国五十有余,皆不事畏者也。"

# 第4章　程朱理学惹的祸？

不少学者将"三纲"归咎于汉儒可能出于这样一种动机,这样一来似乎儒家可以撇清后世"礼教"的种种问题,然而其实是撇不清的。原因是:这不仅涉及到董仲舒等汉儒的评价,当然也涉及对汉以来二千余年整个儒家传统的评价问题,其中尤其是对宋明儒的评价问题,须知宋明儒也是赞成"三纲"的;甚至很多人认为宋明理学家在把"三纲"极端化上,是有甚于汉儒的。在"三纲"问题上,汉宋似无分别,汉以后二千多年儒家几无分别。若是只肯定先秦,而否定汉代二千多年来儒家在"三纲"问题上的共同态度,也就必然要否认后世两千多年儒家政治和社会思想。秦汉以后两千多年儒家政治传统都错了？都在主张绝对服从？若如此,那就真要说汉以后儒家思想的主流是坏的,即有所谓礼教杀人、吃人。真是这样的吗？儒家政治思想只在先秦是好的？

如果说董仲舒是宋以前最杰出的大儒,朱熹可算宋以来最杰出的大儒。有趣的是,这两位孔子以后中国二千多年历史上影响最大的儒学宗师,一生都是"三纲"思想的热情倡导者、坚决捍卫者和忠实执行者。朱子的立场也是程朱理学的基本立场。正因如此,20世纪初以来,也有不少人认为,"三纲"变成吃人的礼教,主要是程朱理学惹的祸。[1] 例如,张岱年说:

> 程、朱理学的有害作用是加强了封建礼教,勒紧了君权、父权、夫权的封建绳索,铸造了束缚人民思想的精神枷锁。吃人的礼教就是在程、朱学派的影响下形成的。[2]
>
> 先秦儒家并无绝对君权的观念。鼓吹绝对君权的乃是法家。到宋、元、明、清时代,中央集权的君主专制逐渐强化,君权变成绝对的。[3]
>
> 先秦儒家所谓忠孝并没有绝对君权绝对父权的意义。随着中央集权专制主义的逐渐加强,君权父权也就

---

[1] 根据陈独秀的说法,此一观点在20世纪初即有不少人主张,其中倡之最有条理者,"莫如顾实君",见于《民彝》杂志第二号"社会教育及共和国之孔教论"一文。参陈独秀,"宪法与孔教"(1916年),页250。

[2] 张岱年,"论宋明理学的基本性质",原载《哲学研究》1981年第10期。此据《张岱年文集》第五卷,北京:清华大学出版社,1994年,页282。

[3] 张岱年,"中国伦理思想的基本倾向",原载《社会科学战线》1989年第1期,此据《张岱年文集》第六卷,北京:清华大学出版社,1995年,页60。

加强起来。到了宋明时代,达到了顶峰。至于强调夫权,也是宋代以来的事。①

按照现在一种观点,"程朱理学把'三纲五常'说成是不以人的意志为转移的、万古长存的天理,就是要维护封建皇权专制主义的等级制度和纲常秩序","是对孔孟儒学平等和民主精神的背叛和践踏。"②

真是这样的吗?宋代理学家的"三纲"精神究竟是如何表现的呢?本章试图说明,宋代理学家是中国历史上最富革新精神的群体之一,而他们同时又基本上都坚定不移地信仰"三纲",这一事实本身恰好说明:把"三纲"理解成所谓的"绝对等级"、"尽单方向的义务"或"绝对服从"之类是完全错误的。下面的讨论中,我们将以朱熹为主要代表(他倡导"三纲"的言论最多),旁及同时代其他人物。

## 1. 宋代士大夫

首先让我们来讨论宋代政治文化的氛围。余英时《朱熹的历史世界》第三章"同治天下——政治主体意识的显现"

---

① 张岱年,"中国伦理思想发展规律的初步研究"(1957 年),《张岱年文集》第四卷,北京:清华大学出版社,1992 年,页510。
② 游进,"从'三纲五常'看程朱理学对孔孟儒学的背叛",《鄂州大学学报》,第13 卷第1 期,2006 年1 月,页57—59。

论宋代"国君与士大夫同治天下"思想为当时天子与士大夫们的共识,极为重要,因为它充分说明宋代理学家绝无将三纲理解为"绝对服从"的意思。原因非常简单,他们有强烈的主体意识! 士大夫是政治世界的主体,而不是国君的臣民这么简单的事实。余英时说:

> 宋代的"士"以政治、社会的主体自居,因而显现出高度的责任意识。①
>
> 士大夫与皇帝同治天下是宋代政治文化中一大特色。②
>
> 无论从客观功能或主观抱负看,宋代都可以说是士阶层最为发舒的时代。③
>
> 王安石"以道进退",而司马光也"义不可起"。他们都以"天下为己任",皇帝如果不能接受他们的原则,与之共"治天下",他们是绝不肯为做官之故而召之即来的。宋代士大夫的风格便是在这种原则性的政争中逐渐培养起来的。士大夫持"道"或"义"为出处的最高原则而能形成一种风尚,这也是宋代特有的政治现象。④

---

① 余英时,《朱熹的历史世界:宋代士大夫政治文化的研究》,北京:生活·读书·新知三联书店,2004年,页220。
② 同上,页222。
③ 同上,页224。
④ 同上,页225。

据余英时提供的统计数据,宋代进士人数每年大约200人,而唐代每年大约只有二三十名。宋代976—1019年共44年,进士9323人;1020—1057年共37年,进士8509人。唐代290年进士总共只有6442人。① 由于唐代进士人数少,不足需要,所以多数官员非由进士出身,而由门第,且寒族进士与贵族进士角色在唐代亦不同。余英时认为,宋代科举制度的变化,是导致士大夫"以天下为己任"和强烈的政治主体意识的主要原因。下面一些材料,颇能佐证余的观点:

■材料1:文彦博与神宗论"为与士大夫治天下,非与百姓治天下也。"(李焘《续资治通鉴长编》卷二百二十一"神宗"[熙宁四年三月戊子条])

■材料2:程颐解《尧典》"克明俊德"云:"帝王之道也,以择任贤俊为本,得人而后与之同治天下。"(《河南程氏经说》卷二)②

■材料3:王安石"以道进退"。叶梦得《石林燕语》卷七载神宗初即位与韩持国维等语,欲让韩氏召王安石来,曰:"卿可先作书与安石,道朕此意,行即召矣。"维曰:"若是,则安石必不来。"上问何故,曰:"安石平日每欲以道进退,若陛下始欲用之,而先使人以私书道意,安肯遽就?"

■材料4:王安石论与天子"迭为宾主":《临川文集卷八

---

① 《朱熹的历史世界》,页212、218。
② 程颢、程颐,《二程集》,王孝鱼点校,北京:中华书局,1981年,页1035。

十二·虔州学记》:"若夫道隆而德骏者……虽天子北面而问焉,而与之迭为宾主。"

■材料5:陆佃论君相相知。其《陶山集卷十一·神宗皇帝实叙论》云:"安石性刚,论事上前,有所争辩时,辞色皆厉。上辄改容,为之欣纳。盖自三代而后,君相相知,义兼师友,言听计从,了无形迹,未有若兹之盛也。"

■材料6:司马光"义不可起"。邵伯温《闻见录》卷十一载:帝谓监察御史里行程颢曰:"朕召司马光,卿度光来否?"颢对曰:"陛下能用其言,光必来;不能用其言,光必不来。"公果辞召命。"特公以新法不罢,义不可起。"此何等气节!

■材料7:宋太宗在淳化三年(992)三月论科举取士,便说道:"天下至广,藉群材共治之。"(《续资治通鉴长编》卷三三),即位初又曾说:"朕欲博求俊彦于科场中……止得一二,亦可为致治之具矣。"(《宋史》卷一五五"选举一")

## 2. 君臣之道

本章接下来重点研究朱熹。在此之前,我想先介绍一下小程子对于君臣关系的论述,这对于理解其朱熹在同样问题上的看法有帮助。

首先,程颐指出人君所处之位,决定了其极易骄横放肆,飞扬跋扈,肆无忌惮。有鉴于此,对于人君身上的缺点要特别警惕,"此自古同患,治乱所系也。"他说,"人主居崇高之位,持威福之柄,百官畏惧,莫敢仰视。万方承奉,所欲随得,"因此"中常之君,无不骄肆","苟非知道畏义,所养如此,其惑可知。"(《河南程氏文集》卷第六"伊川先生文二·论经筵第三箚子")①

其次,鉴于上述原因,程颐认为,宰相和经筵为保证天下治乱的两大关键。他在元佑元年(1086)箚子中云:"臣以为,天下重任,惟宰相与经筵:天下治乱系宰相,君德成就责经筵。"(《河南程氏文集》卷第六"伊川先生文二·论经筵第三箚子贴黄二")②宰相以权位限君,经筵以六艺正君。

其三,为了避免人君肆虐无度,做臣子的一定要有自己的原则,绝不能任其妄为,尤不能轻易迁就、屈己顺从。他对为臣之道论述极为明确。《近思录》卷七"出处进退辞受之义"记载小程子论士大夫如何看待出处多条,其根本精神在于主张"士之处高位,则有拯而无随"。

程颐强调:为士者当"自高尚其事",不可在权力面前弯腰低头,不能因时运不济放弃操守,不得为事于王侯背叛道义。他还主张,君臣之际,合必以正,是为了给日后有所作为留下余地;如果出于权宜之计附会、迎合君主,最终还是会不欢而散。"不正而合,未有久而不离者也。合以正道,自无终睽之理。"(《近思录》卷七"出处进退辞受之义")总之,"进

---

① 《二程集》,页539。
② 同上,页540。

退合道",是士当有之志。

最后,为了保证君臣之合以正,贤者必须自守、而不能自求于君,否则纵被录用,也无所作为。他说:"贤者在下,岂可自进以求于君? 苟自求之,必无能信用之理。古人之所以必待人君致敬尽礼而后往者,非欲自为尊大。盖其尊德乐道之心不如是,不足与有为也。"(《近思录》卷七"出处进退辞受之义")

## 3. 出处进退

程颐对于君臣相处之道的有关论述,被朱熹所继承并进一步阐释。朱熹的观点大体如下:首先,为臣者不能"从君之欲",而是"必行己之志";其次,君有过不能谏,即是"长君之恶";过未萌而导之,为"逢君之恶";其三,"君臣义合,不合则去","决无苟且之理"。不合而去,犹有望于将来;不合而不去,则自绝于将来矣;其四,"不合则去"只是原则,必要时大臣也可废昏举明,纵然是异姓之卿(如霍光)。

下面辑录其相关言论若干:

■《论语集注》"先进第十一":"所谓大臣者,以道事君,不可则止"下注云:"以道事君者,不从君之欲","不可则止者,必行己之志。"

■《孟子集注》"告子章句下":"长君之恶、逢君之恶"条下注云"君有过不能谏,又顺之者,长君之恶也。""君之过未萌,而先意导之者,逢君之恶也。"

■《孟子集注》"万章章句下"注云:"君臣义合,不合则去。……贵戚之卿,小过非不谏也,但必大过而不听,乃可易位。异姓之卿,大过非不谏也,虽小过而不听,已可去矣。然三仁贵戚,不能行之于纣;而霍光异姓,乃能行之于昌邑。此又委任权力之不同,不可以执一论也。"

■《文集》①卷二十五"与陈丞相书"中,力申为相者,若不能行其志,则当退,决无苟且之理,"盖不合而去,则虽吾道不得施于时,而犹在是,异时犹可以有为也;不合而苟焉以就之,则吾道不惟不得行于今,而亦无可望于后矣。"

■《文集》卷二十五"答郑自明书"论其出处云:"熹之出处,不足为时重轻。诸公或听其辞,固幸;不尔,则受命而复请祠;又不得,则当申审奏事,以卜可否;又不得,则引疾丐闲。此于进退,固自以为有余裕者。"

## 4. 格君之非

朱熹在其一系列私人书信中,明确强调了"格君之非"的极端重要性。他曾在给同时代皇帝近臣权贵如赵尚书、陈侍郎、陈丞相等的书信中提醒对方以"格君非"为务;又曾建议陈丞相,为行己之志,在国君面前要不惜"以身之去就争

---

① 朱熹,《晦庵先生朱文公文集》,简称《文集》四部丛刊本。下同。

之";他在给韩尚书、陈公的信中,称自己因不能行志,"自甘退藏"二十余年;他在给宰相的书中,猛烈抨击朝政,对朝廷大表不满;等等。以下摘自朱子《文集》:

■卷二十九"与赵尚书书"谓:"尚书诚以天下之事为己任,则当自格君心之非"。

■卷二十四"与陈侍郎书"中有"深以夫格君心之非者有望于明公",又云"君心不正则是三说者又岂有可破之理哉……求所以破其说者,则又不在乎他,特在乎格君心之非而已。"(三说谓议和之三说)

■卷二十四"贺陈丞相书"称颂明公"凡所论执皆系安危,至其甚者,辄以身之去就争之","陈公其必以是要说上前,而决辞受之几矣"。

■卷二十五"答韩尚书书"云:"自知决不能与时俯仰,以就功名,以故二十年来自甘退藏,以求己志。所愿欲者,不过修身守道,以终余年。"

■卷二十五"答陈丞相书"欲陈相远佞亲贤,格君之非:"伏惟高明深念此意,亟于此时,反躬探本,远佞亲贤,以新盛德、广贤业,庶几异时复起,有以格君定国,划弊鉏奸。"

■卷二十五"与陈公别纸"中云:"格君心以救一时之祸,此岂细事而可不责之于吾身,积之于平日而苟焉,以一朝之智力图之哉?"

■卷二十六"上宰相书",力陈时事得失,言辞之剀切,态度之坚决,溢于言表。一开头就力辩当今国事宜急而不宜缓,"窃观今日之势,可谓当急而不可缓者矣。然今日之政则反是,愚不知其何以然也!","窃惟朝廷今日之政,无大无小,一归弛缓",云云。

## 5. 抨击独裁

朱熹对国君的行事方式提出明确要求。他指出只有天下归顺,方能称为天子;若已众叛亲离,岂能再作国君? 为了避免众叛亲离、成为独夫民贼,国君决策或任人不能独断独行、擅废擅立;必须让臣下极意尽言,使公议大白天下:

■《孟子集注·梁惠王章句下》"残贼之人谓之一夫"条下注称"一夫,言众叛亲离,不复以为君也。"后又注:"盖四海归之,谓之天子;天下叛之,则为独夫。"

■《文集》卷十四"经筵留身面陈四事箚子"中,强调国君制命,不可独断独行,"必谋之大臣,参之给舍"。这样做的意义不仅可使臣下"得以极意尽言",而且"人主亦不至独任其责",因而符合"古今之常理"。他批评当面批评皇帝即位不及半月,即擅自更换宰相、台谏,此种行为"实出于陛下之独断","非为治之体"。

## 6. 冒死谏诤

朱熹不但在理论上对君臣之道有上述观点,也在自己的生命历程中亲身实践了其观点。他一生不阿权贵,不顺天子;抗言直谏,宁死不屈;几次罢逐,其志弥坚。足见其为臣绝非"绝对服从"之流也!下面我们分别从谏诤、为官、辞官这三方面来看朱熹的政治实践。

首先,我们来看朱熹如何谏君。从孝宗即位时三十三岁初上书,至宁宗即位年(1194 年)闰十月甲子上《祧庙议》,朱熹一生所上奏、箚甚多,每每痛陈时弊,直指君心,其言辞之激、针砭之厉,可谓千古一绝。大体来说,他的奏疏以正心术、立纲纪、批佞臣、责近嬖、倡谏诤、赈灾荒、恤民生、纠时弊等为主:

■ 高宗绍兴三十二年(1162 年,33 岁)六月,上封事批评孝宗学文学老庄,用狼奸之臣。"陛下毓德之初,亲御简策,不过讽诵文辞,吟咏情性。比年以来,欲求大道之要,又颇留意于老子、释氏之书。"批朝臣,曰"陛下以为今日之监司,奸赃狼藉、肆虐以病民者谁? 则非宰执、台谏之亲旧宾客乎?"①

■ 孝宗隆兴元年(1163 年),复召对,批皇上不学无术,壅塞谏诤,宠爱佞幸,未正朝堂。陛下"天下之理多所未察","天下之事多所未明。是以举措之间动涉疑贰,听纳之际未免蔽欺","今日谏诤之途尚壅,佞幸之势方张,爵赏易致而威罚不行,民力已殚而国用未节。"②

---

① 王懋竑,《朱熹年谱》,何忠礼点校,北京:中华书局,1998 年,页 20,21。
② 同上,页 22—23。

■孝宗淳熙七年(1180年),应诏上封事,直指人君心术未正,致使小人得志而奸臣当道,纲纪未立而邪气盛行,祸在旦夕却浑然不知。孝宗读之大怒,熹以疾请祠。其中云:"莫大之祸,必至之忧,近在朝夕,而陛下独未之知。"①

■孝宗淳熙八年(1181年,52岁),朱熹奏事延和殿,"极陈灾异之由与夫修德任人之说",其中言:"陛下临御二十年间,水旱盗贼,略无宁岁,意者德之崇未至于天与?……陛下既未能循天理、公圣心,以正朝廷之大体,则固已失其本矣。"②

■淳熙九年(1182年),上"修德以弭天变状",要求圣上"责躬求言","痛自省改。"复上时宰相书,指责"明公忧国之念,不如爱身之切,是以但务为阿谀顺旨之计。"③

■淳熙十五年(1188年)六月,朱熹奏事延和殿,当面质疑皇上时政要害多条,其中言近年刑狱失当,制钱之病及科罚之弊,并称:"陛下即位二十七年,因循荏苒,无尺寸之效可以仰酬圣志。"④皇上一一回应,朱熹一一反驳,毫不退缩。⑤

■同年十一月一日,朱熹再上封事。在这封一万多字的长篇奏章中⑥,他以当日天下比作身患重病之人,谓其自内

---

① 《朱熹年谱》,页536。
② 同上,页122。
③ 同上,页132—133。
④ 同上,页539。
⑤ 同上,页165—166。
⑥ 同上,页169—194。

至外,自四肢至于毛发,无处不病。他从辅翼太子、选任大臣、振举纲维、变化风俗、爱养民力、修明军政六个方面对时政进行了激烈的批评,其中尤其强调"君心正"是这一切急务之根本,"凡此六事,皆不可缓,而其本在于陛下之一心。一心正则六事无不正。""天下之事,千变万化……而无一不本于人主之心"。①

■由此出发,他对于当日皇上从内心起念到饮食起居,从视听言动至朝堂体制,一一提出了明确细致的规范和要求:

> 是以古先圣王兢兢业业……建师保之官,以自开明;列谏诤之职,以自规正。而凡其饮食、酒浆、衣服、次舍、器用、财贿,与夫宫官、宫妾之政,无一不领于冢宰之官,使其左右前后,一动一静,无不制以有司之法,而无纤芥之隙,瞬息之顷得以隐其毫发之私。②

■在这次上奏中,他还对当日皇上言行失当之处,进行了一针见血、毫不隐讳的批评,称"陛下之所以修之家者,恐其未有以及古之圣王也";"陛下所以正其左右,未能及古之圣王又明矣";"陛下上为皇天之所子……乃不能充其大,而

---

① 《朱熹年谱》,页188。
② 同上,页173。

自为割裂以狭小之,使天下万事之弊,莫不由此而出,是岂不可惜也哉!""臣窃寒心,不知陛下何以善其后也?"①

■在这次上奏中,朱熹对于时臣的抨击尤其猛烈:"陛下之庭,侍从之列,方有造为飞语以中害善良,唱为横议以胁持上下,其巧谋阴计,又有甚于前日之不思而妄发者";奸佞之人"逞邪媚、作淫巧……而公卿大臣拱手熟视,无一言以救其失";"陛下尊居宸极,威福自己,亦何赖于此辈而乃与之共天下之政,以自蔽其聪明,自坏其纲纪,而使天下受其弊哉?"②

■宁宗即位(1194年),除朱熹焕章阁待制、侍讲。十月辛卯,朱熹入对,直言皇上即位已三月,"祸乱之本,又已伏冥冥之中,特待时而发耳"。他诫陛下自处时"诚能动心忍性、深自抑损",于事务"积其诚意"、"痛自克责",并诫其"居敬而持志","严恭寅畏,常存此心,使其终日俨然,不为物欲之所侵乱"。③

■同月庚戌,在面奏中称"臣之所言,其最大者,则劝陛下凡百自奉,深务抑损",即饮食、起居、仆御等日常生活方面,"未可遽然全享万乘之尊。"又指陛下即位以来频繁更换宰相、台谏,"非为治之体";建议皇上为过宫之事"下诏自责,减省舆卫";云云。④

■其后他日,上箚曰:"伏愿陛下……克己自新,早夜思

---

① 《朱熹年谱》,页175,176,177。
② 同上,页170,174,180。
③ 同上,页233—236。
④ 同上,页241—244。

省,举心动念、出言行事之际,常若皇天上帝临之在上,宗社神灵宗之在旁,懔懔然不敢复使一毫私意萌于其间"。①

## 7. 强君挢君

朱熹曾在致周丞相(必大)的信中,劝诫他切勿为固位而阿谀奉承,因媚嫉而植党营私;希望他"以天下之重自任","无一不出于正"(《文集》卷二七"与周丞相箚子")。又在《与周丞相书》中诫其"凡事不欲大公至正之道显然行之,而每区区委曲于私恩小惠之际";提醒他如想事事讨好,人人取媚,必"无以慰天下之公论"(《文集》卷二八"与周丞相书[戊申八月十四日]")。通观朱熹自己一生,可以说正是这么做的。他为官刚正不阿,不惧豪强;他不植党羽,不谀权贵;他怒斥奸佞,义责近嬖;他要挟天子,强君挢君;可谓"以道事君"之典范矣。② 下录其为官事迹若干以见之:

■ 要挟皇上:淳熙八年(1181年)三月,朱熹知南康军任满,除提举江南西路常平茶盐公事,奏本四事,其中之一是"请照赏格补授诸出粟人,使民间早得为善之利。"秋七月,以修举荒政之功,除直秘阁。"先生以前所劝出粟人未推赏,

---

① 同上,页246—247。
② 门人黄榦所撰《朱先生行状》称"先生平居惓惓,无一念不在于国。闻时政之阙失,则戚然有不豫之色。语及国势之未振,则感慨以至泣下。"见《朱熹年谱》,页516。

辞。九月,告下,复辞。不允,又辞。""凡三辞,皆以前所奏纳粟人未推赏,难以先被恩命。"①

■ 以道事君:淳熙十五年(1188年,59岁)六月,周必大相,遂入奏。此前朱熹已因浙东救荒有功而受皇上赏识,除江南西路提点刑狱公事。此次皇上召见,另有要职安排。"是行也,有要之于路,以'正心诚意'为上所厌闻,戒以勿言者。先生曰:'吾生平所学,只有此四字,岂可回互而欺吾君乎?'"②

■ 冲撞天子:③1194年,宋宁宗即位后以朱熹为焕章阁待制兼侍讲。从此,在为皇帝主讲经筵期间,朱熹多次就朝廷政治得失上奏,他毫不隐讳、屡上直言。其中包括建议陛下"动心忍性,深自抑损",饮食起居,勿过往昔;建议为定省下诏自责;甲子,上《祧庙议》。皇上要朱熹"于榻前撰数语,以御批直罢其事",朱熹认为内批不妥,乞降箚令臣僚集议。终于把皇上惹怒,罢其职务,逐其行止。至此,朱熹在朝时间不过四十日(据《年谱》当自八月癸巳至闰十月戊寅止)。

## 8. 不合则辞

朱熹坚主"君臣以义合、不合则退",他自己一生为官生

---

① 《朱熹年谱》,页117,118,121—122。
② 同上,页167。
③ 同上,页229—250。

动地反映了这一点。《宋元学案·晦翁学案》谓"先生登第五十年,仕于外者,仅历同安簿、知南康军、提举浙东常平茶盐、知漳州、潭州,凡五任九考。"① 门人黄榦所撰《朱先生行状》对朱熹一生为官之大节这样描述道:

> 谨难进之礼,则一官之拜,必抗章而力辞;厉易退之节,则一语不合,必奉身而亟去。其事君也,不贬道以求售;其爱民也,不徇俗以苟安。②

今按:朱熹之辞官,非为辞官也,欲得君行道也。而乃未能如愿,则如黄榦所云:"道之难行也如此。"下面辑录朱熹一生因政见不合、己愿不伸等原因而辞官之事若干,以见其所主"三纲",断非"绝对服从"之辈:③

■宋高宗绍兴二十九年(1159年,30岁)秋八月,召赴行在,以疾辞。

---

① 黄宗羲原著,全祖望补修,《宋元学案》(第二册),北京:中华书局,1986年版,页1503。
② 黄榦,"朝奉大夫文华阁待制赠宝谟阁直学士通议大夫谥文朱先生行状",见《朱熹年谱》,页516。
③ 《朱熹年谱》,页17(绍兴)、22(隆兴)、26(乾道元年)、38—39(乾道五年)、48(乾道六年)、50(乾道七年)、59—60(乾道九年)、61(淳熙元年)、73(淳熙三年)、87—88(淳熙五年)、88—98(淳熙六年)、98—108(淳熙七年)、118(淳熙八年)、129—142(淳熙九年)、164(淳熙十四年)、165—195(淳熙十五年)、197—200(淳熙十六年)、209(绍熙元年)、215—216(绍熙二年)、222—223(绍熙三年)、234(绍熙四年)、226—252(绍熙五年)、252—254(庆元元年)。

- 宋孝宗隆兴元年(1163年,34岁)春三月,复召,辞。
- 乾道元年(1165年),促就职。既至,以时相方主和议,不合,请祠以归。
- 乾道五年(1169年)前后三促就职,"会魏掞之以论曾觌去国,遂力辞。先生尝两进绝和议、抑佞幸之戒,言既不行,虽擢用狎至,不敢就。"
- 乾道六年(1170年)冬十二月,召赴行在,以丧制未终辞。
- 乾道七年(1171年)冬十二月,免丧复召,以禄不及养辞。
- 乾道九年(1173年,44岁)春三月,省箚复趣行,复辞,并请祠。
- 同年五月,有旨特改左宣教郎,主管台州崇道观,再辞。
- 淳熙元年(1174年,45岁)春二月,复辞。三月,有旨不许辞免,复辞。
- 淳熙三年(1176年)夏六月,除祕书郎,辞,不允。秋八月,复辞,并请祠。
- 淳熙五年(1178年)秋八月,差知南康军,辞。冬十月,有旨不许辞免。复辞,请祠。
- 淳熙六年(1179年)春正月,复请祠。二月,复请祠。五月,请祠,不报;六月,请祠,不报。
- 同年秋七月,申省自劾。时台谏谓用箚奏事非制,而先生用之，"遂申乞罢黜。"

■同年冬十月，以救旱不当故，申省自劾。十二月，又以未蒙处分，复申省自劾。

■淳熙七年（1180年）春正月，请祠，不报。三月，请祠，不允。夏四月，请祠，不报。

■淳熙八年（1181年）秋七月，除直祕阁，三辞，皆因纳粟人未推赏。

■淳熙九年（1182年，53岁）二月，回绍兴，乞赐镌削官职。八月，留台州，乞赐罢黜。

■同年八月，除直徽猷阁，再辞。

■同年八月，改除江南西路提点刑狱公事，接替唐仲友，辞。九月十二日，去任归。

■同年九月，诏与江东梁总两易其任，辞。诏免回避，辞。

■同年冬十一月，始受职名，仍辞新任，并请祠。

■淳熙十四年（1187年，58岁），秋七月，除江南西路提点刑狱公事，待次，辞，不允。

■淳熙十五年（1188年），春正月，有旨趣奏事之任，复以疾辞，不允。三月十八日，启行，在道再辞，并请祠。

■同年六月癸酉，除兵部郎官，以足疾在告，请祠。乙亥，诏依旧职名江西提刑。在道辞免新任，有趣旨之任。秋七月，复以足疾辞，并请祠。磨勘转朝奉郎，除直宝文阁，主管西京嵩山崇福宫。八月，辞转官，辞职名，皆不允。

- 同年九月,复召,辞。
- 同年冬十月,趣入对;十一月,复辞,遂上封事。
- 同年十一月,除主管西太乙宫兼崇政殿说书,辞。
- 淳熙十六年(1189年,六十岁)春正月,除祕阁修撰,依旧主管西京嵩山崇福宫,辞职名。夏四月,复辞职名。
- 同年秋八月,除江南东路转运副使,辞。
- 冬十月,诏免回避,疾速之任,复辞。
- 冬十一月,改知漳州,再辞,不允。
- 宋光宗绍熙元年(1190年,61岁),冬十月,以地震及足疾,不能赴锡宴自劾,并请祠,不允。
- 绍熙二年(1191年)三月,复除祕阁修撰,主管南京鸿庆宫。夏四月,去郡,辞职名。秋七月,复辞职名,不允。
- 同年九月,除荆湖南路转运副使,辞,不允。冬十二月,复辞,以经界不行自劾。
- 绍熙三年(1192年)春二月,有旨趣之任,复辞,并请补祠秩,许之。
- 同年冬十二月,除知静江府、广南西路经略安抚使,辞。
- 绍熙四年(1193年)春正月,有旨趣之任,复辞。
- 同年冬十二月,除知潭州、荆湖南路安抚使,辞。
- 绍熙五年(1194年)春正月,复辞。二月,有旨趣之任。
- 同年六月,申乞放归田里。

- 同年七月,宁宗即位,召赴行在奏事,辞。
- 同年八月,赴行在。除焕章阁待制并侍讲,再辞,不允。
- 同年冬十月辛卯,奏事行宫便殿,面辞待制、侍讲,不允。
- 壬辰,申省辞待制职名,乞改作说书差遣。
- 辛丑,差兼实录院同修撰,再辞,不允。
- 同年闰十月丙子,免侍讲职。戊寅,申省乞放谢辞,遂行。
- 壬午,除宝文阁待制,与州郡差遣,辞。寻除知江陵府、荆湖北路安抚使,辞,并乞追还待制职名。
- 十二月,诏依旧焕章阁待制,提举南京鸿庆宫,辞。
- 宋宁宗庆元元年(1195年,66岁)春三月,复辞职名。
- 同年夏五月,复辞职名,并乞致仕。
- 同年冬十一月,复辞职名。

# 9. 小结

余英时认为,朱熹及与其相关的一大批理学家,包括二程、陆象山等人思想的精神实质之一在于主张"道"尊于"势"。

他认为,朱熹别具匠心地重新塑造了"道体"、"道统"和"道学"这三个术语,特别是有意识地区分了道统和道学这二者。所谓道统,在朱的心目中是与治联系在一起的,即在三代之时圣人德位合一的历史条件下,所呈现出来的样子,即道与势不分;而道学则不然。道学是三代之后,圣人德位不一,势尊于道的历史条件下,孔子不得已而阐发道体和道统的学问。所以道学是三代以后的事。这样一来就出现了三代以后道与势的分离。提出这一理念的现实意义是重大的,因为它代表理学家们驯化权力的伟大努力,即要实现"道"尊于"势"。①

学者们常引程朱理学家"天下无不是底父母"之言来批评"三纲"。例如,张岱年先生提到:

> 到宋代,罗从彦提出"天下无不是之父母",朱门弟子陈埴又进而提出"天下无不是之君",于是君臣关系成为绝对服从的关系了。②
>
> 陈瓘……不但肯定天下无不是底父母,也承认天下无不是底君了。"天下无不是底父母",就是说,父母对子女,无论怎样都是对的,子女对父母只有绝对服从。陈瓘认为,臣对于君,子对于父,不应"见其有不是处",即应该绝对服从君父的意旨。③

---

① 《朱熹的历史世界》,页7—35。
② 张岱年,"超越传统理解传统"(1989年),见《张岱年文集》第六卷,页483—484。
③ 张岱年,《中国伦理思想研究》(1989年),见《张岱年文集》第六卷,页608—609。

张先生对罗从彦、陈瓘之说的解读,我认为是错误的,如果全面检索程朱理学家的思想,即可发现这绝不是他们的本义。他们只是在强调一种做人的美德,用今天的话说,就是自我牺牲的精神。王夫之虽批评"天下无不是底父母",但还是承认"延平此语全从天性之爱发出"(《读四书大全说》卷九"离娄下篇之四")。它指的是,做臣子的人,出于爱心,多替君父着想,遇事先自反省,这样就不会有怨,才能用至诚感动长上,形成良性互动。只有从这个角度来理解,才能将这些话与程朱学者同时主张谏争这两个看似相反的事实统一起来。但是如果用张的话来理解的话,就无法统一了。张由此得出他们主张做臣子绝对服从,并不符合事实,可见其推断不合逻辑。朱熹对这个问题也有专门讨论:

> 韩退之云:"臣罪当诛兮,天王圣明!"此语,何故程子道是好?文王岂不知纣之无道,却如此说?是非欺诳众人,直是有说。须是有转语方说得文王心出。(《朱子语类卷第十三·学七》)①

仔细玩味这段话,朱熹说,程子已经指出,文王何尝不知道纣的不是,但之所以仍然说"天王圣明",这是君臣相处之义。所谓"子之于父,臣之于君,无适而非义"(庄子语),讲

---

① 《朱子语类》,页233。

的就是这个道理,即尊重君、父的身份,而不是其个人。如果朱熹认为这话是指君父绝对无错、只有服从,为何下文中他又肯定孟子"臣之视君如寇雠",以及强调所谓"不合则去"?所以我们今天理解古人,绝不能断章取义。更重要的是,我们不能因为自己先入为主的偏见作祟,先预设了君是恶的(代表君主制嘛),所以只要一听古人说"忠君",就认为他们犯愚昧了。

# 第 5 章 古人心中的"三纲"

如果"三纲"真的如今人所说,是那么违反人性的腐朽糟粕,为何汉代以来历代儒家,从董仲舒到刘向、班固,从马融到朱熹,从真德秀到张之洞、陈寅恪,从今文经学家到古文经学家,从汉学家到宋学家,皆信之坚定不疑、辩之不遗余力?难道过去两千多年的儒家学者们都错了?都认识不到三纲思想是僵化的、违反人性的教条?或许有另外一种可能,即错的是今人,古人并没有把它们理解成教条,只有今人才这么理解。

再问:那些主张"三纲"的后儒,都是把三纲理解成等级尊卑绝对化、服从绝对化的吗?他们在理论上可曾这样主张过?在行动中可曾这样做过?别的不说,朱子就不是这样认为的,也不是这样做的。看看《朱子小学》,他教育人们从小开始谏父母。在汉代以后的历代朝廷中,恐怕主张并维护

"三纲"是主流吧？请问那些忠臣义士们，有几个把"三纲"理解为"绝对服从"了？还是恰好相反，能抗言直谏甚至死谏？所以我说，把"三纲"理解说绝对等级、绝对服从，都是我们现代人睁眼说瞎话，只要稍微研究一下历史上发生过的那些事情，断不至于说出这种荒唐话来。谬误重复过一千遍之后也就成了真理，"三纲"就是这样的命运。如果说那些不研究国学或中国历史的人说这样的话还可以理解，研究国学或中国历史的人也跟着说这样的话，就不可理解了。

下引历代学者评价"三纲"资料若干，分为八类：

## 1. 出乎天道

古人认为，"三纲"出于天命、合乎天意、见于天道，故有"可求于天"、"得于中极"、"参于天地"、"根于天命"等一系列说法。兹录主要观点若干：

■[汉]董仲舒："王道之三纲，可求之于天。"(《春秋繁露·基义》)

■[汉]扬雄："三纲得于中极，天永厥福。"(《太玄经》卷四)

■[宋]真德秀称"三纲"为"扶持宇宙之栋干。"(《西山先生真文忠公文集》卷第四"召除礼侍上殿奏箚一")

■[元]吴澄后学韩阳谓"吾儒之道"，即"三纲五常之道"，"在天地间，一日不可无者。"(《吴文正集·原序》)

■[明]曹端认为"三纲五常"即是道,"道一也……而大目则曰三纲、五常焉。得之,则参于天地,并于鬼神,是两间之至尊者也。"(《通书述解》卷之下"师友上")

■[明]薛瑄:"天地间至大者莫过于三纲五常之道","三纲五常之道根于天命。"(《读书录》卷六)

## 2. 合于天理

古人以为,"三纲"天经地义地合理,故称其为"天下定理"、"自然之理"、"宇宙之理",等等。

■[宋]程颢:"父子君臣,天下之定理,无所逃于天地之间。"(朱熹、吕祖谦编《近思录》卷二"为学大要",又见《河南程氏遗书》卷第五①)

■[宋]姚勉:"三纲五常,非圣人强立之,皆顺天下自然之理也。"(《雪坡集》卷九)

■[宋]朱熹:"宇宙之间一理而已,天得之而为天,地得之而为地。而凡生于天地之间者,又各得之以为性。其张之为三纲,其纪之为五常。盖皆此理之流行,无所适而不在。"(《文集》卷七十"读大纪")

■[明]方孝孺:"穷天下之理而见之于躬行,尽乎三纲六纪而达之于天道,尧舜禹汤周公孔子之所传,人之为人,不

---

① 《二程集》,页77。

过学此而已。"(《遜志斋集》卷六"斥妄")

■[明]薛瑄:"三纲五常之道……循之则为顺天理而治,悖之则为逆天理而乱。自尧舜三代歷唐汉以至宋,上下数千年,盖可考其迹而验其实也。"(《读书录》卷六)

■[明]曹端:"宇宙之间,一理而已,天得之而为天,地得之而为地……语其目之大者,则曰三纲、五常。"(《通书述解》卷之下"陋")

## 3. 万世不灭

正因为"三纲"源自天命、合乎天理,故在天地间永恒不灭、万古如斯,在人世间千载不绝、万世常行:

■[汉]扬雄:"三纲之永,其道长也。"(《太玄经》卷五)

■[宋]朱熹:"三纲五常亘古亘今不可易","纲常千万年磨灭不得"。(《朱子语类》卷二十四《论语六·子张问十世可知章》)①

■[宋]陈傅良:"以三纲五常不可一日殄灭故也。三纲五常不明而殄灭,则天地不位,万物不育矣。自古及今,天地无不位之理,万物无不育之理,则三纲五常无绝灭之理。"(《止斋集》卷二十八"经筵孟子讲义")

■[明]薛瑄:"三纲五常之理,万古犹一日。""三纲五常

---

① 《朱子语类》,页595,597。

之道……歷万世如一日。"(《读书录》卷三、卷六)

## 4. 治国之本

"三纲"为国家之根本,治平之要道;帝王学之,圣贤用之。兹录"三纲"与治道关系观点若干:

■[宋]刘敞:"君臣也,父子也,夫妇也,治之三纲也,道莫先焉。"(《刘氏春秋意林》卷上)

■[宋]程颢:"唐有天下,虽号治平,然亦非尽善之道。三纲不正,无君臣父子夫妇。其原始于太宗也。"(《近思录》卷八"治国平天下之道")①

■[宋]朱熹:"天下国家之所以长久安宁,唯赖朝廷三纲五常之教。"(《文集》卷二十三"乞放归田里状")

■[宋]朱熹:"所谓损益者,亦是要扶持个三纲五常而已,如秦之继周,虽损益有所不当,然三纲、五常终变不得。"(《朱子语类》卷二十四《论语六·子张问十世可知章》)②

■[宋]真德秀:"国与天地,必有与立焉,三纲五常是也。""国而无此,则中夏而裔夷矣"。(《西山先生真文忠公文集》卷第四"召除礼侍上殿奏箚一")

■[宋]真德秀:"盖天下之事众矣,圣人所以治之者,厥

---

① "非尽善之道",或作"有夷狄之风"。
② 《朱子语类》,页598。

有要焉。惟先正其本而已。本者何？人伦是也。故三纲正，则六纪正；六纪正，则万事皆正。……繇古洎今，未有三纲正于上，而天下不安者；亦未有三纲紊于上，而天下不危者。"(《大学衍义》卷六"格物致知之要一·天理人伦之正")

■ [元]耶律楚材："帝责楚材曰：'卿言孔子之教可行，儒者为好人，何故乃有此辈？'对曰：'君、父教臣、子，亦不欲令陷不义。三纲五常，圣人之名教，有国家者莫不由之，如天之有日月也。岂得缘一夫之失，使万世常行之道，独见废于我朝乎！'帝意乃解。(《元史》卷一百四十六"耶律楚材传")

■ [明]薛瑄："帝王之为治，圣贤之为学"，皆不外乎学"三纲五常"之道。(《读书录》卷六)

## 5. 秩序之源

"三纲"为秩序之源头、安宁之柱石，为礼乐之本、人道之基，故古人常以"大本"、"大法"形容之，这与孔子作《春秋》本意完全一致。兹录历代名儒论"三纲"为秩序之源观点若干：

■ [汉]班固："夫立君臣、等上下，使纲纪有序，六亲和睦，此非天之所为，人之所设也。"(《汉书·礼乐志》)

■ [东晋]干宝："人道三纲六纪有自来也。人有男女阴阳之性，则自然有夫妇配合之道；有夫妇配合之道，则自然有刚柔尊卑之义；阴阳化生、血体相传，则自然有父子之亲；以父立君、以子资臣,则必有君臣之位;有君臣之位,故有上下之序;有上下之序,则必礼以定其体,义以制其宜。"(引自[唐]李鼎祚《周易集解·序卦第十一》注)①

■[宋]胡宏:"天下之道有三:大本也,大几也,大法也。……治之大本,一心也;大几,万变也;大法,三纲也。"(《知言》卷五)

■[宋]周敦颐:"古者圣王制礼法,修教化,三纲正,九畴叙,百姓大和,万物咸若。"(《周子通书》"乐上第十七")

■[宋]文天祥:"天之文为二曜……人之文为三纲五常。"(《文山集》卷十五"熙明殿进讲敬天图 周易贲卦")

■[明]薛瑄:"三纲五常,礼乐之本"。(《读书录》卷四)

## 6. 人伦之基

古人又常以"人伦之正"形容"三纲",认为"三纲"代表了人与人关系的正常模式和规范要求,故生其斯、长于斯,不可须臾离之;立于礼,成于乐,不可片刻无之。兹录"三纲"与人伦观点若干:

■[汉]逢萌:名士逢萌通《春秋》,王莽杀其子宇,"萌谓

---

① 李道平,《周易集解纂疏》,潘雨廷点校,北京:中华书局,1994年,页724。

友人曰：'三纲绝矣！不去，祸将及人。'即解冠挂东都城门，归，将家属浮海，客于辽东"。(《后汉书》卷八十三"逸民列传")

■［宋］朱熹："仁莫大于父子，义莫大于君臣，是谓三纲之要，五常之本，人伦天理之至，无所逃于天地之间。"(《文集》卷十三"垂拱奏劄二"，朱熹上宋孝宗书)

■［宋］朱熹："须有父子、有君臣，三纲五常阙一不可。"(《文集》卷四十三"答李伯谏")

■［宋］朱熹："夫三纲五常，大伦大法"。(《文集》卷八十二"书伊川先生帖后")

■［宋］真德秀："君臣之纲正于上，而天下皆知有敬；父子之纲正于上，而天下皆知有亲；夫妇之纲正于上，而天下皆知有别。三者正，而昆弟、朋友之伦亦莫不正。"(《西山先生真文忠公文集》卷四"召除礼侍上殿奏劄一"，乙酉六月十二日)

■［宋］真德秀："卽三纲而言之，君为臣纲，君正则臣亦正矣；父为子纲，父正则子亦正矣；夫为妻纲，夫正则妻亦正矣。故为人君者，必正身以统其臣；为人父者，必正身以律其子；为人夫者，必正身以率其妻。如此则三纲正矣。"(《大学衍义》卷六"格物致知之要一·天理人伦之正")方按：此段极论"纲"为"以身作则"之义。

■［宋］真德秀："三纲既正，则人伦厚，教化美而风俗移矣。"(《西山读书记》卷二十三"诗要指")

■[宋]真德秀:"所谓五常者,亦岂出乎三纲之外哉?父子之恩即所谓仁,君臣之敬即所谓义,夫妇之别即所谓礼,智者知此而已,信者守此而已。未有三纲正而五常或亏,亦未有三纲废而五常独存者。"(《西山先生真文忠公文集》卷第四"召除礼侍上殿奏箚一")

■[明]薛瑄:"三纲五常之道,古今昭然而不昧,三千三百之礼,小大粲然而有章,此又人伦日用之文也。"(《读书录》卷六)

■[明]薛瑄:"三纲五常"为"万事之原";"三纲五常之道,日用而不可须臾舍,犹布帛、菽粟不可一日而无也。舍此他求,则非所以为道矣"。(《读书录》卷四、卷六)

## 7. 维系人心

古人认为,"三纲"为人心之所系,众志之所归;"三纲"不立,则人心大乱,众志不安。兹录相关说法若干:

■[宋]李侗:"今日三纲不振,义利不分。缘三纲不振,故人心邪辟不堪用,是致上下之气间隔,而中国之道衰。"(《延平答问》[朱子编])

■[宋]朱熹:"夫君臣之义、父子之恩,天理民彝之大,有国有家者所以维系民心、纪纲政事,本根之要也。"(《文集》卷二十四"与陈侍郎书")

■[宋]朱熹:"夫惟三纲不立,是以众志无所统系,而上之人亦无所凭藉以为安。"(《文集》卷七十五"戊午说议序")

- [明]薛瑄:"三纲五常之道""具于人心。"(《读书录》卷六)

## 8. 基于人性

古人以尽己、尽心为忠。所谓"忠"非指忠于某人,是忠于自己做人的良知和道义。正因为如此,古人认为"三纲"顺乎人性,体现人之所以为人。兹录古人论"三纲"基于人性观点若干:

- [汉]班固:"人皆怀五常之性,有亲爱之心,是以纲纪为化。"(《白虎通》卷八"三纲六纪")
- [汉]马融:"君子尽忠,则尽其心;小人尽忠,则尽其力。"(《忠经》"尽忠章")
- [宋]胡宏:"三纲,人之本性"。(《五峰集》卷二"上光尧皇帝书")
- [宋]程颢:"尽己之谓忠,以实之谓信;发己自尽为忠,循物无违谓信;表里之义也。"(《河南程氏遗书》卷十一)①
- [宋]程颐:"尽己为忠,尽物为信。极言之,则尽己

---

① 《二程集》,页133。

者,尽己之性也;尽物者,尽物之性也。"(《河南程氏遗书》卷二十四)①

■[宋]朱熹:"忠、孚、信,一心之谓诚,尽己之谓忠,存于中之谓孚,见于事之谓信。""尽己之性,如在君臣则义,在父子则亲,在兄弟则爱之类,己无一之不尽。"(《朱子语类》卷六"性理三",卷六十四"中庸三")②

■[宋]刘敞:"三纲废矣,是去人之所以为人也。"(《刘氏春秋意林》卷上)

■[宋]真德秀:论"三纲五常"之重要,谓"人而无此,则冠裳而禽犊矣。"(《西山先生真文忠公文集》卷第四"召除礼侍上殿奏箚一")

---

① 《二程集》,页315。
② 《朱子语类》,页101,1570。

# 第6章 如何理解"三纲"?

## 1. 回到先贤

1918年农历十月初七,清末名儒梁漱溟之父梁济(字巨川)自杀,自杀前留下万字《敬告世人书》,书中痛陈今日国人为西洋新说所惑,失去了国性;称自己虽为殉清,实为殉纲常名教而死。书中云:

> 吾国数千年先圣之诗礼纲常,吾家先祖先父先母之遗传与教训,幼年所闻以对于世道有责任为主义。此主义深印于吾脑中,即以此主义为本位,故不容不殉。
> 
> 今人为新说所震,丧失自己权威,自光、宣之末,新说谓敬君恋主为奴性,一般吃俸禄者靡然从之,忘其自己生平主义。苟平心以思,人各有尊信持循之学

说。……以忠孝节义范束全国之人心,一切法度纪纲,经数千年圣哲所创垂,岂竟毫无可贵?何必先自轻贱?①

梁济死后,即使是陈独秀这样批判"三纲"不遗余力的学者,亦对之恭敬三分。而其遗书,则反映了当时名儒对纲纪礼教毁于一旦的深刻担忧,以及对于西洋人权自由之说的深深疑惑。

无独有偶,若干年后,一代宗师王国维先生亦于1927年农历五月初三日投湖自尽。陈寅恪认为,他表面殉清,实为殉三纲六纪(与梁一样)。其挽词序有云:

……纲纪之说,无所凭依,不待外来学说之掊击,而已销沉沦丧于不知觉之间;虽有人焉,强聒而力持,亦终归于不可救疗之局。盖今日之赤县神州值数千年未有之巨劫奇变,劫尽变穷,则此文化精神所凝聚之人,安得不与之共命而同尽,此观堂先生所以不得不死,遂为天下后世所极哀而深惜者也。②

梁、陈二人之言,与张之洞《劝学篇》中有关议论与出一辙,张云:

---

① 梁济,《梁巨川遗书》,黄曙辉编校,上海:华东师范大学出版社,2008年,页51,55。
② 陈寅恪,"王观堂先生挽词并序",页11。

"三纲"为中国神圣相传之至教,礼政之原本,人禽之大防。(《劝学篇·序》)

"君为臣纲,父为子纲,夫为妻纲"……五伦之要,百行之源,相传数千年,更无异义。圣人所以为圣人,中国所以为中国,实在于此。……近日微闻海滨洋界,有公然创废三纲之议者,其意欲举世放恣黩乱而后快,怵心骇耳,无过于斯。中无此政,西无此教,所谓非驴非马,吾恐地球万国将众恶而共弃之也。(《劝学篇·明纲第三》)

时隔近百年,今天又有几人理解了张之洞、梁济、陈寅恪之言?如果按照现代人的理解,就无论如何也无法理解梁济、王国维之死,难道他们会愚蠢到为"绝对等级"、"绝对服从"、"绝对尊卑"、"尽单方面的绝对的义务"而死吗?如果按照我的理解,"三纲"是指从大局出发的精神,就可以代表中国文化的精神。如此一来,则梁济、王国维之殉三纲六纪,也就可以理解了。

## 2. 三纲真义

本书通过董仲舒和汉儒,以及朱熹和宋儒等的研究,揭示如下事实:中国历史上提倡"三纲"的学者从未主张无条件服从,或绝对的等级尊卑;相反,通过前面的研究,可以得出如下结论:

"三纲"(君为臣纲、父为子纲、夫为妻纲)的本义是指从大局出发、尽自己位分所要求的责任,其核心精神是"忠"。具体说来,这要求——:

● 在上位者(君、父、夫)以身作则,率先垂范,做出"纲"的样子,发挥"纲"的作用;①

● 在下位者(臣、子、妇)要有"忠"的精神——:

---

① 有关这方面的文献非常多。先看先秦时期。孔子曾说:"政者,正也。子帅以正,孰敢不正?"(《论语·颜渊》)"君子之德风,小人之德草,草上之风必偃。"(《论语·颜渊》)孟子说:"君仁莫不仁,君义莫不义,君正莫不正,一正君而国定矣。"(《孟子·离娄上》)《大学》讲絜矩之道,称"上老老,而民兴孝;上长长,而民兴弟;上恤孤,而民不倍。"又云:"尧舜帅天下以仁,而民从之。桀纣帅天下以暴,而民从之。其所令反其所好,而民不从。是故君子,有诸己,而后求诸人。无诸己,而后非诸人。"

汉儒也是如此。董仲舒论述尤多。一方面他从正面主张"为人君者正心以正朝廷……以正万民"(《贤良对策》),"以元之深,正天之端;以天之端,正王之政"(《春秋繁露·二端》)。另一方面,他又从反面强调"在位者之不能以恶服人"(《春秋繁露·玉杯》),因此"君贱则臣叛"(《春秋繁露·保位权》),"父不父则子不子,君不君则臣不臣"(《春秋繁露·玉杯》),"君命顺,则民有顺命;君命逆,则民有逆命"(《春秋繁露·为人者天》)。总之,他的结论是,"我不自正,虽能正人,弗予为义"(《春秋繁露·仁义法》)。另外,《白虎通》亦有类似思想。《三纲六纪》称"君,群也,群下之所归心也";"父者,矩也,以法度教子也";"夫者,扶也,以道扶接也。……夫亲脱妇之缨"。

后世学者中,真德秀对"纲"的上述含义阐述尤详,他说:"即三纲而言之,君为臣纲,君正则臣亦正矣;父为子纲,父正则子亦正矣;夫为妻纲,夫正则妻亦正矣。故为人君者,必正身以统其臣;为人父者,必正身以律其子;为人夫者,必正身以率其妻。如此则三纲正矣。"(真德秀《大学衍义》卷六"格物致知之要一·天理人伦之正")朱熹曾在淳熙十五年(1188年)上孝宗皇帝的奏章中讨论当时纲纪败坏的根源,认为只有从皇帝本人做起,才能有所成效。"陛下视此纲纪为如何?可不反求诸身,而亟有以振肃之耶?""天下之事,千变万化……而无一不本于人主之心。"(《朱熹年谱》,页183,188)

a) 一方面,不妄自尊大,不轻易背叛,而是顾全大局,服从大我,尊重"纲"的权威;

b) 另一方面,不盲目服从,不阿谀奉承,而是适时谏争,格其非心,保证"纲"的功效。

● 无论是上还是下,其所作所为共同体现着"纲"的含义。

正因为从大局出发,不自我中心,才会尊重纲的地位,维护纲的权威;正因为对上负责,非一味自保,才会指正上的错误,格正君的非心。这两方面虽然不同(一是服从,一是谏争),却共同体现着忠的精神——忠于自己的良知,忠于做人的道义。唯此,才能确保在下位者人格的挺立。为什么这样说呢?因为如果一有分歧矛盾,即离心离德,擅做擅为,往往都是由于自我膨胀所致;如果明知上有错,却不敢进谏,甚至曲意逢迎,显然对上不负责,对己亵渎了职责。这些都是在下位者人格不独立的表现。因此,"三纲"是让人们学会在分工、辈分、性别的差异中尽好自己的职责,守住自己的尊严,确立自己的人格。需要指出的是,儒家没有说过,如果大局已完全不可能或不值得维护,还要盲目地维护。孔子明确主张"不可则止"(《论语·先进》),孟子也说反复之而不听则易位或逃之(《孟子·万章下》)。问题往往出在,在下位者刚愎自用,私心作祟,自我膨胀,才会一有矛盾即背叛,稍有分歧即变心。

从"三纲"的另一种含义出发,相对"六纪"而言,"三纲"的上述精神亦可以统帅诸父、兄弟、族人、诸舅、师长和朋友等关系。即与师长相处取法君臣关系,诸父、兄弟取法父子关系,诸舅、朋友取法夫妇关系(《白虎通·三纲六纪》)。简言之,"三纲"是塑造所有人伦关系的基本原则。

"三纲"思想并非如一些学者所说,是汉儒为了适应秦汉大一统的集权统治需要而新创,而是来源于孔子的"《春秋》学",在汉代为公羊家所阐发。准确地说,"三纲"思想(在孔子处主要是尊君尊王)是孔子有感于春秋时期天下大乱,为重建社会秩序开出的药方,它不仅对于汉代以后中华民族的统一和融合起到了不可估量的积极作用,而且对于现代人维系正常的社会秩序,乃至对于现代民主制度建设,都有着不容小觑的现实意义。

有了上述理解,"三纲"在今天如何转化也就顺理成章了:

"君为臣纲":在今天小指上下级关系,大指官员和上司关系。做领导的要严于律己,言行可则,动作可法,赢得下属发自内心的尊重。做下属的对于领导要有一颗忠心。一方面,虽有分歧和矛盾,也能顾全大局,忠于职守,不刚愎自用、自我中心,不轻易背叛、擅做擅为。另一方面,对于领导/上级的错误要敢于进谏,适时劝阻;如果无法劝阻,或屡谏不听,可以离开;但只要在职一天,就要恪尽职守,忠心不二。做下属最难能可贵之处在于,在有了矛盾和不满的情况下,不动辄变心或背叛,而能以巨大的耐心进行劝谏,以痛苦的忍让换来改善,以顽强的毅力促进改变。与师长相处取法此关系。

"父为子纲":在今天就是父母与子女关系。做父母的要不断修养和完善自己的人格,日积月累的身教重于声色俱厉的言传。唯此父母才能真正发挥父母应有的风范,彰显一家之纲的效应。做子女的能否尽力为孝,取决于对父母的感情;孝最艰难的地方在于与父母无法沟通、理解,这不仅是代沟的问题,更是由于环境等因素造成的生活方式、思维方式、性格特征等方面的差异问题。当这方面冲突特别强烈时,孔子所谓"色难"、所谓"敬"(《论语·为政》),最能体现一个人的修养和境界,也最能体现出"纲"的特定含义来。亲兄弟姐妹、叔伯舅关系效法父子关系。

"夫为妻纲":在一夫一妻制时代,应该是"互为其纲"。但具体做来,在每一个家庭中,都存在着由于姓别差异等因素所导致的分工不同,有时存在要以一方为重(或者至少在一个阶段以一方为重)的现实,在这种情况下就要有为对方牺牲的心理准备;双方各自明白自己的职责,自觉承担自己的义务,而不是事事追求平等,处处争夺权利,才能形成良性互动的稳定局面;这都是以双方都明白作为一个完整家庭的共同目标才能做到的,后者就是所谓的"大局"。"夫妻互纲"还意味着:一方面,每一方都认识到自己对对方具有"纲"的效应(即示范效应),需要用无怨无悔的奉献、积极主动的自律、宽容无私的爱、无微不至的关怀来感动对方;另一方面,每一方都应以对方为"纲"(即以对方为重),以巨大的牺牲、顽强的毅力、痛苦的忍让来成全对方。婚姻是一生的承诺,是把自己完全托付给对方,共患难,同享乐,忠贞不渝,誓死相守才是理想的伴侣;如果没有做好这样的准备,就没有必要结婚。与堂表兄弟姐妹、朋友、同学、同事、普通人相处效法此关系。

## 3. 三纲本质

从今人的角度看,要想理解为何张之洞说三纲代表"中国之所以为中国",陈寅恪称"三纲六纪"为"吾国文化之定义"之言,我认为有如下几方面值得重视:

第一,"三纲"反映了古人如何在尊重人与人关系之差异性现实的条件下保证人格独立性(尤其是处在下位时)。现代人一味地高喊平等、自由等口号,不尊重人与人之间由分工、角色、性别等差异造成的现实。然而在现实中,人与人之间的差异是无法回避的,不是光靠平等、自由、民主等口号就能解决问题的。比如上下级之间的所谓平等仅仅是人格上的,而在工作上他们不可能平等,必然存在服从与被服从的问题。他们虽然天天高喊人格独立与平等,但一旦自己处在上级的位置,又希望下属对自己言听计从、坚决服从。也就是说,他们迫于现实的需要,在实际生活中还是觉得下级没有人格独立性好,希望下属像奴才一样效忠自己。与此同时,自己做下属时,在权力与权威的威慑面前,也不知道如何捍卫自己的人格和尊严。虽然他们口头上把自由和平等看得无比重要,但对于与自己上级的关系,却往往只知道用利益来衡量;有时为了个人一时的利益需要,难免做出屈辱人格、丧失自尊的事情来。这种理论与现实的自相矛盾,本身恰恰再好不过地反映了无视人与人差异的现实所带来的问题。正视人与人关系的差异现实,如何恰当地做上级与下级,尤其是身为上级如何以德而不是以力服人,身为下级如何既服从上级又守护人格,这就是"三纲"作为君为臣纲的基本含义。对于父子、夫妻关系,"三纲"的含义是同样的。

第二,"三纲"体现了中国文化中"私德"高于"公德"的现实。梁启超先生曾在 20 世纪初不遗余力地抨击中国文化缺乏公德,说"四书五经"皆重私德(参《新民说》[1902—1906 年])。费孝通先生亦在《乡土中国》(1947 年)中从差序格局的角度总结了为什么中国文化中私德盛而公德衰。19 世纪以来,中国人在追求以公德代替私德的道路上走得很远,从太平天国到共产主义运动,从自由主义到公民道德学说,莫不如此。然而,以公德代替私德在中国文化中真的行得通吗?我对此持怀疑态度,原因在于中国文化的习性。梁启超等人当然也认识到这一点,所以才有改造国民性的想法。然而,国民性(人类学上称为 national character)是几千年历史造就的,是文化长河中最坚固的河床,不是谁想改就能改的。有时表面上改得越疯狂,其发挥作用的方式越可怕,"文革"就是典型一例。而且,既然国民性反映的是不同文化模式的差异,每一种文化模式都有自己的利与弊,何必非要弃此适彼呢?中国文化中私德盛固然有弊,然而解决问题的最好途径不是以公德驾于私德(像梁启超所期望的),而是改造私德,塑造人伦,由私人公,才是现实可行的途径,"亲亲而仁民,仁民而爱物"(《孟子·尽心上》)、"老吾老以及人之老、幼吾幼以及人之幼"(《孟子·梁惠王上》)。回到"三纲",其代表的正是一种处理私德的哲学,其精义在于以正确的态度对待我与同事、父母、爱人等之间的私人关系,则"公"亦在其中矣。所谓"公",即"从大局出发"。

第三,"三纲"反映了中国文化中的秩序以人伦关系为基础这一特殊现实。所谓"纲常",严格说来是指一个社会中占统治地位的伦理规范。从这个角度说,世上任何一个国家皆有自己的纲常。然而,何以无人宣称数千年西方人是靠纲常维持其社会秩序,惟独中国人这么宣称?我认为原因也要从文化习性上来找。我曾在多处论述,中国人缺乏对于抽象制度的内在热情,中国文化没有对于普遍法则的深厚信念。所以法律和制度在中国文化中虽必不可少,中国人从内心深处认为,"制度是死的,人是活的",凡是不合人情的东西,总是可以变通。所以,指望通过抽象的制度、特别是法治从根本上解决社会失序问题,是行不通的。当然,今天法治是已成为一种不可动摇的神话,任何人不能反对。但是,只要现实中人伦关系的准则遭到了破坏,这个社会中的秩序混乱就难以根治。强调"三纲"对于秩序重建的重要性,并不等于要对人民进行道德说教,而是要思考今天中国社会人伦关系是如何遭到不应有的破坏的。比如"文革"中鼓励公开说谎,打压正气,导致小人得势,就是对人伦关系的重大破坏。相应地,今天要重建人伦关系,也要从这些方面来思考和应对。

第四,"三纲"代表一种忍辱负重的精神。数千年来,中华民族正是在这种精神的推动下,克服无数困难,战胜无数灾难,走向团结,走向繁荣。"三纲"包含着这样一种精神:在与对方有不同意见时,能够忍辱负重,舍己从人,以巨大的耐力来面对分歧,化解矛盾。我在青春年少时,也曾相信自由、平等、人权等价值观。然而,随着年龄的增长,我才逐渐认识到人与人之间的矛盾和分歧,往往都不是靠权利二字解决的。尤其在上下级之间,父子之间,夫妻之间,通常情况下都不是靠权利来解决冲突的。另一方面,那些历史上成大功业、利国利民的人们,往往并不是由于善于争权争理,而是由于比常人有更多的耐心化解矛盾、消除误会,有更大的毅力忍受屈辱、承受痛苦,从而最终证明了自己,惠泽于他人。这种精神,就包含在"三纲"之中。人最可贵的地方决不在于捍卫个人利益,而在于历经挫折仍无怨无悔,饱受屈辱仍坚守初衷。《礼记·内则》云:"父母有过,下气怡色,柔声以谏。谏若不入,起敬起孝,说则复谏;不说,与其得罪于乡党

州闾,宁孰谏。父母怒、不说,而挞之流血,不敢疾怨,起敬起孝。"说的正是这种"三纲"精神。我曾在一篇文章中写道:①

> 不妨追问:几千年来,是中国人身上的哪些品质推动了中华民族历经无数侵略,战胜无尽劫难而不断前进的?我想这些品质不外是忍辱负重、任劳任怨、忠诚善良、老实本分、自强不息等等吧!大概没有人会说,几千年来推动中华民族不断前进的力量是追求个人自由、民主或人权,没有人会这么说的!

第五,"三纲五常"成为中国古代社会的核心价值,是历史自然选择的结果,绝不是儒家或统治者所能人为强加。正如本书所论证的,孔子对于春秋时代社会动荡现实的总结,就包含着君为臣纲、父为子纲等思想。"三纲五常"也可以说是孔、孟等对于当时社会秩序土崩瓦解的总结。从先秦到两汉,从未明确使用"三纲""五常"术语到明确提出它们,这是时代历史的演变和必然结果。为什么"三纲五常"一提出,就牢不可破地建立起来,历朝历代的士大夫和学者们坚信不移,甚至赞美成"扶持宇宙之栋干"(真德秀语)、"千万年磨灭不得"(朱熹语);乃至于到了近代,从曾国藩、张之洞

---

① 方朝晖,"重建核心价值的三条思路",《中华读书报》2012 年 1 月 11 日。

到王国维、陈寅恪,皆信之不移。这些,岂是"绝对尊卑"、"等级压迫"、"压抑人性"、"人格不平等"等几句现代术语就概括得了的?今天,我们如果要正确评价"三纲",就必须先搞清它的本义,以及它所以长盛不衰的根源。

## 4. 误解根源

长期以来,在一种错误历史观的支配下,一些人理解不到,儒家"尊王"、"忠君"及"三纲"思想的精神实质,从来都不是让人们无条件地服从君权,或无止境地强化王室权威,而是敏感于地方势力的膨胀,以及诸侯兴起、地方分权破坏天下安宁之血的教训。其中最典型的莫过于春秋战国和魏晋南北朝时期。正因如此,千百年来,多少忠臣义士,他们的忠君与他们爱民及为天下根本利益着想紧密联系在一起。电视连续剧《贞观长歌》中那些为大唐江山舍生忘死的英雄们,虽然忠君,人们却感到他们浩气如虹,为他们义薄云天的精神深深感动。为什么?因为他们不是为一己之私而战斗,而是为国家的统一和民族的团结赴汤蹈火;他们对天子无限的"忠",是与他们对于大唐江山和天下苍生无限的爱融为一体的。因为在当时条件下,天子权威是保障天下安宁、国家统一以及民族团结的唯一选择;如果推倒这个权威,种族仇恨和战争就会永远继续下去,把千千万万人再次推入火坑。另一方面,古人对君主、天子或上级的"感恩",体现的往往是他们作为一个个有血有肉的生命的灵性,其中包含着他们对自己生命尊严的认知和对灵魂不朽的追求。这种精神,是千百年来中华民族得以战胜无数敌人,克服无数困难,不断地凝聚到一起,一代代长存下去的重要动力;这种精神,曾让多少血性男儿为民族、为国家、为天下利益鞠躬尽瘁、死而后已,是中华民族的脊梁,岂能等同于愚忠?读一读《出师表》就能很好地理解这种精神。遗憾的是,一个多世纪以来,对西方价值观的崇拜导致许多人忘记了这些几千年来推动中华民族自强不息的精神传统,不知道这种精神传统即使在今天仍然是我们不断前进的重要动力,许多人却把它们说成封建糟粕。说说"君要臣死,臣不得不死"吧!今天的法官有时昧着良心草菅人命,但我们不会因此否认"法官要你亡,你不得不亡"的合理性;同样的道理,古人讲"君要臣死,臣不得不死",也不是为了要人们盲目服从,而是因为他们在无数次血的教训中认识到:如果国家的最高权威可以随意毁坏,天下的安宁就得不到保障。

让我们看看儒家忠君的典范。诸葛亮对刘备之忠,大概没有人会怀疑。"出师未捷身先死,长使英雄泪满襟"(杜甫《蜀相》)。为什么千百年来无数英才之士称颂这么一位忠君的典范呢?为什么诸葛亮死后,蜀国老百姓自发地在田间地头祭祀他、而没有埋怨他未推翻君主制、实现民主制?有人认为明代方孝孺死于愚忠,殊不知他不是因为建文帝一个人,而是为了捍卫王朝政权的合法性基础——王位继承制,这是天下长治久安、让千百万人免除内乱之祸的根本保证,就像今天的宪法一样神圣。有人说燕王朱棣(永乐皇帝)是个有为之君,但如果一个人自认为有能力就可以通过军事政变夺取政权,天下将会在瞬间涌现出无数个自认为最有能力、最有资格当皇帝的军人。同样的道理,岳飞服从王命、班师回朝,也是出于对王权的尊重。因为,如果军队高级将领有异议就可以不服从,整个军队岂不成了一盘散沙?类似的例子在中国近代革命史上不知出现过多少次。毛泽东、彭德怀等人在第五次"反围剿"中服从上级错误决定而未反抗到底,体现了从大局出发的革命家气概;为什么同样服从上级错误决定而未反抗到底的岳飞就是愚忠,就是死于封建思想毒害?既然我们承认在当时条件下,君主制是保障天下安宁、促进生产发展和维护人民利益的唯一有效的政治制度,那么维护这一制度的权威,坚决反对通过军事政变或非法手段推翻它,本身就是在捍卫全天下人的根本利益,而不能说是愚忠。如果按照我们现代人的观念,一个古代大臣只有主张推翻君主制,提倡全民投票选拔国君,才能称为进步人士;由于诸葛亮、魏征、方孝孺等人都是君主制坚定不移的拥护者或捍卫者,并用实际行动让君主制发挥了更大作用,是否都成了反面人物、应该批判呢?他们不应该那么做吗?他们应当主张全民投票或民主选举吗?

阻挠现代中国人正确认识自己历史传统的一个重要根源是文化进化论。按照文化进化论的历史观,人类历史呈一单线的进化趋势,朝着越来越文明、进步的方向前进。据此,凡是历史上维护君主制的思想皆是落后、保守的,凡是批判这一制度的行为皆是进步、先进的,因为君主制是一落后的、与现代民主方向相背的政治制度。由于儒家的"三纲"思想维护了君权,所以是落后的、保守的,代表了儒家思想中的最大糟粕。然而,如果我们真正从历史的角度看问题,容易发现这一思维方式极其荒唐、错误。我们既然承认在中国古代社会条件下,并不存在建立一个民主国家的可能性,君主制不仅是那个时代或那样社会条件下全世界通用的模式,而且更重要的是,它代表了那个时代维护社会秩序、确保社会安宁、促进生产力发展和人民生活水平提高最有效的制度保障,那么"尊王"和"三纲"的合理性和现实意义就昭然若揭。

设想一下:一千年乃至一万年之后,人类政治制度想必已与今天有了天翻地覆的变化。那时人用那时的标准来衡量我们今天的政治制度,一定认为今天的政治制度是落后的、与历史进步方向不一致的。但是,这是不是意味着今天的人们,凡是维护现实政治制度的人都是落后、保守的? 只有主张推翻现政府、破坏国家权威的人才是进步的? 如果我们承认我们今天所实行的政治制度有其现实合理性,就不得不承认,今天用生命来捍卫自己国家权威的有些人是值得尊敬的,因为他们捍卫了国家的安宁、社会的秩序和人民的利益。这个道理,当然也同样适用于古代。古人维护王权,主张尊王,正是出于对他们那个时代国家稳定、社会秩序和人民利益的关怀,凭什么说他们的思想就是落后、保守甚至反动的?既然不能以一千年或一万年后那个更好的政治制度模式(谁也不知道它是什么样的)来评判今人的政治立场,同样也不能以今日政治制度的模式来评判孔、孟、董、朱等人的政治立场。

## 5. 走向重建

今日中国面临着秩序重建的巨大挑战。如果我说:今日中国社会秩序重建的起点仍然是"三纲五常",一定会被许多人骂为疯子。"你是从哪个阴沟里爬出来的虫子?居然跑到二十一世纪来倒行逆施,搞泯灭人性的玩意!"他们可能这么骂我。因为在他们看来,坚持"三纲五常"就是主张等级尊卑,就是坚持束缚人性的教条,就是赞同极权、专制;这种做法与二十世纪以来的思想解放运动相对立,与以自由、平等为核心的现代文化价值相对立;这不是在弘扬传统文化的精华,而是在倡导其中的糟粕;这是回归传统走过了头,走到了与时代潮流背道而驰的反动境地!

长期以来,将"三纲"视为儒家传统中最大的"封建糟粕",以及妨碍社会进步和人性自由的沉重枷锁,这种看法不仅严重违背了历史事实,而且更重要的是,它导致现代中国人忘记了中华民族过去数千年来立身的根本,导致现代中国文化迷失了方向。现代人对"三纲"的批判,其背后蕴藏的是中国文化价值的空前沦丧这一严重现实。事实上,现代人对于"三纲"的"妖魔化",在很大程度上受到了文化进化论的误导,而后者早已被历史证明为过时。

"难道'纲常'和'礼教'不是吃人的吗?"你也许这么问我。首先,我要郑重地告诉您:如果它们确实吃人,我会比您更果断地放弃它们,比您更猛烈地批判它们;因为我和你一样坚决主张:任何道德规范都必须以捍卫每一个生命的尊严、确立每一个人的人格、实现每一个人的价值为最高宗旨。但是事实上,可能是你误解了它们。纲常和礼教与人性的尊严和价值目标一致。它们在现实中可能导致了某些扼杀人性的后果,但历史绝不是如你从小在教科书、文学作品和媒体中所看到的那样。今天,我们应该对古代中国社会的历史换一种态度,而不能总用历史-文化虚无主义眼光视之。二十世纪以来,历史-文化虚无主义盛行,导致许多割裂民族生命肌体的做法,其行为是令人痛心的,其后果是极其严重的,其教训是惨痛深刻的,其最大的后遗症之一就是今天我们找不到中国文化的方向。

事实上,最近一百多年的中国历史,已经无情地证明了盲目崇拜西方价值的现实后果。今天我们看到的恰恰是这样一种可怕的现实:各行各业都失去了规矩(行为的基本规范),人们连与他人交往最基本的安全感都找不到。再也没有比今天更让人感到人心自私、人欲膨胀的可怕了。这难道与崇拜西方文化价值无关吗? 不是因为人权、自由不好,而是因为在中国文化土壤中,对它们的追求导致了事与愿违的后果;不是因为民主、宪政不好,而是因为在中国文化土壤中,对它们的崇拜出现了变质变味的情形。我们一定要思考:我们倡导某些价值的初衷是那么良好,为何结果却让人性陷入可怕的深渊,让社会掉进巨大的漩涡。自由主义者有时批评儒家空谈道德,理想与现实背道而驰,但他们往往忘记了:自由主义在中国所造成的后果,可能比儒家还差,这又该作何解释呢? 我曾在那篇文章中说:①

> 现代人把"忠"理解为"愚忠",把儒学理解为专制统治的工具,自然没有办法理解仁、义、忠、信等之中所包含的那种活泼泼的,和人的生命价值、尊严、意义等紧密相连的东西了。一个多世纪以来,在进化论历史观的指导下,我们倾向于认为古代中国社会是一片黑暗,是在专制的统治之下,所以凡是维持其制度的价值观,都是反动的。如此一来自然不会接受它们为中国文化的核心价值。
>
> 今天寻找中国文化的核心价值,我认为最大的问题在于:长久以来我们已经无法从仁、义、忠、信等之中感受到鲜活的力量,所以才不能接受它们为核心价值。因

---

① 方朝晖,"重建核心价值的三条思路",《中华读书报》,2012年1月11日。

此关键是我们的心已经和古人不能相通,我们的血脉已经与先辈割断联系,在这种情况下谈论中国传统文化价值就很难找到基础。

把被现代人颠倒了的历史,再颠倒过来。这不仅是为了追求历史真相,更重要的是找回中国文化自身的价值。

# 参考文献

本书所引古籍,除下列之外,用的是清华大学图书馆提供的、台湾版《景印文渊阁四库全书》。现代文献不在此列。

[汉]司马迁,《前四史·史记》,裴駰集解、司馬貞索隱、張守節正義,北京:中华书局,1997年;

[汉]班固,《前四史·汉书》,颜师古注,北京:中华书局,1997年;[汉]刘向,《说苑》(四部丛刊本);

[汉]杨雄,《太玄经》(四部丛刊本);

[宋]范晔,《前四史·后汉书》,李贤等注,北京:中华书局,1997年;

[宋]程颢、程颐,《二程集》(上下册),王孝鱼点校,1981年;

[宋]黎靖德编,《朱子语类》(全八册),王星贤点校,北京:中华书局,1994年;

［宋］真德秀，《西山先生真文忠公文集》（四部丛刊本）；

［宋］朱熹、吕祖谦编，《近思录集注》，江永集解，上海：上海古籍出版社，1994年（四库全书本）；

［宋］朱熹，《晦庵先生朱文公文集》（简称《文集》，四部丛刊本）；

［宋］朱熹，《四书集注》，陈戍国标点，长沙：岳麓书社，1987年；

［明］王阳明，《王文成公全书》（四部丛刊本）；

［明］黄宗羲，《明夷待访录》（四部丛刊本）；

［明］黄宗羲原著，全祖望补修，《宋元学案》（全四册），陈金生、梁运华点校，北京：中华书局，1986年；

［明］王夫之，《四书稗疏 四书考异 四书笺解 读四书大全说》（全二册），长沙：岳麓书社，2011年；

［清］陈立，《白虎通疏证》（全二册），吴则虞点校，北京：中华书局，1994年；

［清］王懋竑，《朱熹年谱》，何忠礼点校，北京：中华书局，1998年；

［清］李道平，《周易集解纂疏》，潘雨廷点校，北京：中华书局，1994年；

［清］阮元（校刻），《十三经注疏》（全二册，影印本），北京：中华书局，1980年；

［清］张之洞，《劝学篇·内篇》，光绪二十四年，两湖书院刊印本；

［清］苏舆,《春秋繁露义证》,钟哲点校,北京:中华书局,1992年;

［清］谭嗣同,《仁学》,据《谭嗣同全集》(增订本,全二册),蔡尚思、方行编,北京:中华书局,1981年,页289—374;

王天海(校释),《荀子校释》(全二册),上海:上海古籍出版社,2005年;

# 后　记

本书是以我发表在《战略与管理》2012年第5/6、7/8期的连载长文"是谁误解了'三纲'——答复李存山教授"(约6万多字)为基础改编而成。这次出版,作了大量认真的修订,包括使主题更突出,焦点更明确,针对性更强。特别是对于"三纲"该如何定义、理解及转化,都作了新的交待。

本书的目的不是标异见奇,而是重新思考中国文化的方向。我相信,一个多世纪以来,中国文化走错了方向;而且不是一般性的错误,是相当离谱的错误。导致错误的原因我想不是什么人的问题,而应归于那个时代。本书所批评的近代学者,都比我伟大得多;如果我生活在他们那个时候,说不定会犯更严重的错误。但是,这不等于说我们今天不需要批评了。批评的目的是澄清误会,唯此才能找到方向。因为今天找回中国文化的正确方向,表面上容易,其实不然。一些历史的误会,如同笼罩在我们心头的层层迷雾;中华民族几时才能从这些迷雾中走出来,找回自身的正确方向,我感到忧心。

重新理解"三纲",就是重新理解中国文化的核心价值,理解中国社会秩序的根源。我在《文明的毁灭与新生》(中国人民大学出版社2011年版)和近年来发表的一系列论文中,系统地阐述了这方面的主张。我认为,三纲五常的问题,对于我们理解当代中国社会的一系列重大问题及未来中华文明的方向,非常重要。因此,为"三纲"翻案不是终极目的,今天真正重要的在于为中国文化寻找药方。

"五四"以来对"三纲"的批判,与现代中国人恨铁不成钢的心态有极大关系(这一点在谭嗣同的《仁学》中表现得就很明显),但也与一些西洋学说自身充满迷惑性有关。虽然人权、自由、平等等价值是现代中国所需要的,但我更认为,未来中国文化的核心价值不可能是它们,仍然要从"三纲五常"出发来找;民主、宪政、法治等制度是未来中国所需要的,但我认为未来中国文化的秩序基础不可能是它们,仍然要从"三纲五常"出发来找。"三纲"在今天如何转化,本书最后一章第二、第三小节已有交待。类似的观点也散见于我近年来的其他论著中。对此,欢迎一切理性、清醒的批评。

在今天的国学大潮中,我认为儒学的最大任务仍然是激活,即激活它的一系列范畴和思想的真正内涵,说清楚它们到底包含着什么真谛,为什么对于解决当下中国重大现实问题必不可少。不在这些问题上下工夫,寄希望于创立儒教、设计政体,搞宪政、民主与儒学的理论结合,我看不出这样做意义何在。

最后,感谢倪为国、熊晓丹、舒炜等曾为本书出版尽过力的人。清华大学出版社原编辑熊晓丹女士曾给过我很多非常宝贵的建议,对本书的完善起到了极其重要的作用。三联书店舒炜先生曾大力举荐本书。倪为国先生对于本书的出版起到了决定性的作用。

# English Abstract

To Rectify Confucian Sangang(*Three Guidelines*)

Sangang (the three guidelines, namely, the ruler as guideline of subjects, father as guideline of sons, husband as guideline of wives) and wuchang (the five basic virtues, namely, humanity, rightness, ritual, wisdom and faithfulness) are the most important ethical norms in traditional China having largely shaped the social structure and personal behavior of almost each person for over two thousand years, which were proposed by a group of Confucians in Han dynasty (202 BC—220AD). But since the end of 19th century, they, especially sangang, have been taken as the worst part of Confucian traditions. The dominant opinions of current scholars is to believe that it teaches people to listen to authority unconditionally, supporting the dogmatic hierarchy among people of different status, blocking the prosperity of human development. The purpose of this book is to challenge these negative views of sangang. Utilizing original documents of ancient time, the author argues that, there is no Confucians, either as proponent or as supporter of sangang, who agrees to listen to authority unconditionally. On contrary, traditional Confucians do stress strongly the importance of criticizing and correcting mistakes of rulers as well as that of parents and husbands, knowing well that a subject is not a good subject without remonstrating with his rulers. Moreover, the book points that the basic tenet of sangang is to support the personality independence within differentiated interpersonal relationships. Another important view of this book is to argue that, even though Confucius and all pre-Qin Confucians had never used the term of sangang, they do have already had corresponding thoughts of sangang. Therefore, it is totally misleading to attribute sangang to scholars of Han or Song dynasties rather than to pre-Qin Confucians, especially to Confucius (551BC—479BC). Dong Zhongshu (176BC, appr.—104BC., appr.) and Zhu Xi (1130—1200) are two examples especially studied in this book, both because they are the most important proponents of sangang, and because they are the most influential Confucians in Chinese history since Han dynasty.

**图书在版编目(CIP)数据**

为"三纲"正名/方朝晖著.
--上海:华东师范大学出版社,2014.1
ISBN 978-7-5675-1346-4

Ⅰ.①为… Ⅱ.①方… Ⅲ.①三纲五常—研究 Ⅳ.①B822.1

中国版本图书馆 CIP 数据核字(2013)第 252440 号

华东师范大学出版社六点分社
企划人 倪为国

本书著作权、版式和装帧设计受世界版权公约和中华人民共和国著作权法保护

六点评论

# 为"三纲"正名

| | |
|---|---|
| 著　　者 | 方朝晖 |
| 责任编辑 | 倪为国 |
| 封面设计 | 卢晓红 |

出版发行　华东师范大学出版社
社　　址　上海市中山北路 3663 号　邮编　200062
网　　址　www.ecnupress.com.cn
电　　话　021-60821666　行政传真　021-62572105
客服电话　021-62865537
门市(邮购)电话　021-62869887
地　　址　上海市中山北路 3663 号华东师范大学校内先锋路口
网　　店　http://hdsdcbs.tmall.com

印　刷　者　上海印刷(集团)有限公司
开　　本　889×1194　1/32
印　　张　5.25
字　　数　75 千字
版　　次　2014 年 1 月第 1 版
印　　次　2014 年 1 月第 1 次
书　　号　ISBN 978-7-5675-1346-4/B·810
定　　价　28.00 元

出 版 人　朱杰人

(如发现本版图书有印订质量问题,请寄回本社客服中心调换或电话 021-62865537 联系)